改訂新版

# システム障害対応の教科書

## の教科書

株式会社野村総合研究所
**木村 誠明**［著］
Tomoaki Kimura

A GUIDEBOOK TO SYSTEM FAILURE RESPONSE

技術評論社

# はじめに

## なぜこの本を書いたのか

　ITサービスにシステム障害はつきものです。このときに適切な対応ができるかでユーザ影響は大きく変わります。障害対応力は、ITサービス提供者の評価にも直結する能力です。ハドソン川の奇跡[注1]のように、重大事故を引き起こしているにも関わらず、適切なダメージコントロールによって逆に能力を高く評価されることもあります。

　ところが、適切な対応ができずに被害を拡大させてしまった例は少なくありません。むしろ、そうしたケースのほうが多いくらいです。私自身も含め、多くのIT組織は苦い経験をしてきたのですが、その経験は十分活かされているとは言えません。システム障害対応の現場では、必要なノウハウ（基本動作、ツール）が体系化されておらず、暗黙知になっている場合がほとんどです。

　これは、現場の意識の問題だけではありません。そもそも教育コンテンツも不足しています。システムの品質を作りこむ（＝障害発生前）、もしくは障害の根本原因を分析し再発防止を行う（＝障害発生後）ための研修や書籍は豊富にあるものの、障害が発生してから復旧するまでの火消しにあたる部分はすっぽりと抜けているのです。

　ITサービスマネジメントの分野で最も有名な知識体系であるITILにも、インシデントコマンダーは登場しません。インシデントコマンダーという言葉を日本で大きく広めたGoogle SREにはSIerの概念はありませんから、ユーザ部門を含めた対応のフォーメーションは日本のIT事情と異なることも多いでしょう。家の建て方と出火元は教えてもらっても、火の消し方がわからないのですから、炎上して当然です。

　私はITサービスマネジメントの専門家として、社内外の運用サービスの構

---

注1) ハドソン川の奇跡（USエアウェイズ1549便不時着水事故）：2009年、バードストライクにより飛行機のエンジンが損傷、ハドソン川に不時着水。機長・乗員の適切な対応により乗客全員の命を救う。後の調査により、判断を誤っていれば街中での墜落もあり得たと判明した。

築・運営に携わる傍ら、障害対応力の向上・インシデントコマンダーの育成を目的とした研修を主催しています。研修講師を専業としている人間ではないのですが、必要に駆られて障害対応の教育コンテンツを作ったのです。

　研修を通じて、多くの現場の悩みが寄せられます。

現場マネージャー
　「最近の若者は基本動作ができておらず、品質に対する意識も足りない」
　「教えようにもノウハウが散ってどうしようもない」
　「品質が上がってトラブルが減ったのは良いが、教育の機会も失った」
現場若手
　「基本動作ができていないと言われても、一度も教わったことがない」
　「経験がないままシステム担当範囲が増えていて、うまくできるか不安」

　あなたの組織でも同じなのではないでしょうか。経験頼みの教育に限界がきているのはどの組織でも同じです。経験こそが障害対応力に大きく寄与することは間違いないのですが、理論と実践の両者が揃うことで人は効果的に成長することも間違いありません。そして、暗黙知を形式知にするには、まず一度形にして、それをベースに議論を重ねることが有効であり、この本がそのきっかけになれば良いと考えています。

## 本書について

　本書は、システム障害対応を体系的にまとめて形式知にすることで、組織のシステム障害対応力を向上させることを目的としています。インシデントコマンダー育成のためのコンテンツが中心ですが、ITサービスに関わるすべての人向けに記述しています。あなたが作業担当であったとしても、インシデントコマンダーの動きを知っているだけで素晴らしい動き（とくに報告）に改善されるはずです。また、あなたがユーザ部門やCIOであれば、適切にインシデントコマンダーから情報を引き出したり、業務調整の勘所をつかんだりするのに役立つでしょう。

あなたがインシデントコマンダーとして十分な経験を持つのであれば、本書で語られる要素の多くはすでに実践しているはずです。後任の育成にぜひ本書を活用してください。きっと一から教えるよりずっと効率的に、効果的に教えることができるはずです。

　本書は、特定の技術や手法(ITIL、DevOps、PMBOKなど)になるべく依存しないよう心がけています。とはいえ、インフラ・ビジネスロジックアプリで違う面もあり、それらは各章で個別に解説します。また、Appendixに具体的な障害ケースのパターンも載せています。

　前半の1～6章では、障害対応を指揮するインシデントコマンダーが知っておくべき知識を解説します。後半の7～8章では、組織としていかに対応していくか、システム障害に強い組織作りについて解説します。

　本書は、これまで暗黙知だった領域にスコープを当てており、現場ごとに差があると思います。たとえばインシデントコマンダーも、コントローラー、インシデントリーダーなどさまざまな呼ばれ方をしています。あなたの組織に展開したらどうなるか、置き換えをしたほうが良いでしょう。また、本書は一度だけ読んで終わりにするのではなく、何度も読み返すことを想定しています。障害対応をしたらもう一度この本を開き、ふりかえりに活用してほしいです。大事なのは理論と実践、そしてふりかえりです。その際に、新たな気付きやノウハウがあればぜひフィードバックをいただきたいです。一緒に育てていきましょう。

2020年2月　木村誠明

# 改訂版の執筆にあたって

　本書は、『システム障害対応の教科書』(2020年3月初版) の改訂版となります。初版発売以降のシステム運用を取り巻く状況の変化や、初版での反応を踏まえ、改訂にあたりどのような事柄を補う必要があると考えたのかをお伝えします。

## 初版以降のシステム運用を取り巻く状況の変化

　初版の発売以降も多くのシステム障害が発生し、その中には、社会的影響の大きなシステム障害もありました。金融機関や通信、航空、行政など、重要な社会インフラのシステム障害も含まれ、多くのユーザに影響を与えました。

　クラウド化の進展や、複数社のサービス連携が増えてきたことにより、システム障害の影響はより複雑かつ大規模になるケースも出てきました。システム運用を支える技術的な要素や概念としても、「可観測性 (オブザーバビリティ)」や「回復性 (レジリエンシー)」、そして「SRE (サイトリライアビリティエンジニアリング)」といった言葉がより広く浸透[注2]しました。

　このようにシステム運用 (そしてシステム障害) は、普遍的なテーマであり続ける一方で、それを取り巻く状況や構成要素は常に変化しており、アップデートが必要な領域であると言えます。

## 初版での反応

　本書の初版に対して、多くの読者の方々から「これまで曖昧であった、システム障害が発生したらどうするか？ を整理できた」「チームで輪読会をして認識合わせをした」といった反応をいただきました。本書の目的である、「シ

---

注2) 「東証がSREによるレジリエンス向上に挑む理由。過去のシステム障害から何を学んだのか？」(Publickey)
https://www.publickey1.jp/blog/22/sre_2022.html

ステム障害対応を体系的にまとめて形式知にすることで、組織のシステム障害対応力を向上させること」をある程度は果たせたのではないかと考えています。

　そして「本書を参考にシステム障害対応訓練を実施した（決済サービス）」「システム運用の組織やプロセスを見直した（保険会社）」といった、より実践的な反応もいただいています。一方で、「これはベンダーが対応する範囲ではないか？　我々はユーザなので（金融機関）」といった反応もありました。

## 改訂版における変更・追加について

　そこで改訂版では、まずこの4年間の変化の取り込みを行い、その上で、より実践的な内容の追加を行うこととしました。

　初版における1章〜8章については、「基本編」としてフレームは残した上でアップデートを行いました。主に、コロナ禍で浸透したリモートワークにおける障害対応で必要となる仮想War Room（➔6章）や、生成AIのシステム運用での活用（➔6.6）、カオスエンジニアリングの導入状況（➔8章）など、ここ4年間の変化を踏まえた改訂を行っています。

　併せて、初版の内容に対する補強・補完も行っています。その中には、回復性・防御的実装・可観測性などの重要な用語の解説が含まれます。

　さらに「ワークブック編」として、9章以降により実践的な内容を加筆しています。障害対応人材の育成（➔9章）、障害対応訓練の実施要領（➔10章）、手順書の品質向上（➔11章）などです。そして、IT担当者ではあるがエンジニアではない方も想定し、エンドユーザ向けの情報発信（➔12章）についても解説を加えています。

　アップデートされた基本編に加え、新たなワークブック編が、皆さんのさらなるシステム障害対応力向上に寄与することを願っています。

2024年3月　木村誠明

# 目次

**基本編**

## 第1章 ◆ システム障害対応を学ぶ意義

## 第2章 ◆ システム障害の定義

# 第3章 ◆ システム障害対応の登場人物と役割

# 第4章 ◆ 各プロセスの基本動作〜発生から終息まで

# 第5章 ◆ 障害対応に必要なドキュメント

## 第6章 ◆ システム障害対応力を高めるツールと環境

# 第7章 ◆ 組織の障害対応レベル向上と体制作り

# 第8章 ◆ システム障害対応力の改善と教育

# 第9章 ◆ 教育と育成の手引き

# 第10章 ◆ 障害対応訓練の実施

# 第11章 ◆ 事故を防ぐ手順書の作り方

# 第12章 ◆ エンドユーザ向けの情報発信

# Appendix ◆ 難易度の高いシステム障害ケース

●**本書のWebページ**

本書の内容に関する訂正情報や更新情報は、下記の書籍Webページに掲載いたします。

https://gihyo.jp/book/2024/978-4-297-14012-0

◉**サンプルファイル、参考資料のダウンロード**

本書では、上記Webページよりサンプルファイル、参考資料のダウンロードが可能です。なお、一部のファイルはダウンロードの際にパスワードの入力が必要です。入力するパスワードは下記のとおりです。

## system0427
（エス ワイ エス ティー イー エム ゼロ ヨン ニ ナナ）
※すべて半角で入力します

ダウンロードしたファイルの利用方法については、上記のWebページをご覧ください。

# 第 1 章

# システム障害対応を学ぶ意義

　この章では、システム障害対応の基本動作やノウハウを学ぶ必要性について解説します。

　まず、システム障害対応教育の現状として、暗黙知が多く経験頼みの育成になっていることと、その理由について解説します。そして、システム障害対応を取り巻く状況として、障害対応の難易度が上昇していく理由について解説します。

　最後に、従来型の経験頼みの教育手法と、難易度の上がったシステム障害対応の現場においてよく起こる問題を紹介します。システム障害対応の基本動作やノウハウを学ぶことで、これらの問題を減らすことができます。

# なぜシステム障害対応は暗黙知だったのか

システム障害対応では、多くの現場で経験則に頼った「背中を見て学べ」スタイルの教育が行われています。では、なぜ今も「背中を見て学べ」になってしまうのでしょうか？　そこには、システム障害対応ならではの教育の難しさや誤解があります。このセクションでは、システム障害対応が暗黙知になりがちな背景について解説します。

## 1.1.1 ◆ 未知かつ非計画的～教育が難しい領域

システム障害対応に暗黙知が多い理由として、教育自体が難しい領域であるという点が挙げられます。

オーソドックスな教育手法として、反復訓練があります。たとえば、初めてWebサーバの設計をするのであれば、最大接続数の設定だけでも苦労するかもしれません。しかし、次に設計をするときには簡単にできるはずです。そしてその多くのノウハウは、ドキュメント化され後輩たちに伝えられます。

ところがシステム障害対応はどうでしょうか？　そもそもシステム障害対応は未知の領域です。基本的に同じ障害は二度と起きません（不具合を直さない理由があれば別ですが、それは健全とは言えません）。そのため、教育の基本である反復訓練を行えません。

あなたが組織人であれば、業績目標と同じように能力目標も立てていることでしょう。Off-JTとして研修の計画を立てることもあるでしょうし、もしあなたがマネージャーであれば、OJTを考慮して部下に仕事をアサインしていることでしょう。

「プロジェクトメンバーからスタートして、いずれはプロジェクトマネージャーになる（立場を変える）」、「最初は数人のプロジェクトからスタートして、いずれは100人を超えるような大プロジェクトをコントロールする（規模や難易度を変える）」など、通常は計画的に能力向上を図っていきます。

　では、システム障害対応はどうでしょうか。システム障害は、深夜であろうが休日であろうが容赦なく発生します。計画的に障害を起こすことは不可能ですから、計画的に誰かに経験させるということができません[1]。

　システム障害は、多くのシステムにおいて最優先の対応事項です。そのため、障害対応メンバーについては、社内で最もできる人間がアサインされます。あなたよりも経験が長いメンバーがいるのであれば、おそらく、あなたが障害対応を指揮する「インシデントコマンダー」(→**3.1.1**)になることはないでしょう。このような現場の場合、あなたはいつ経験を積むのでしょうか？それは、他にできる人間がいないときです。

## ┃それは突然やってくる

　システム障害対応は未知かつ非計画的であるため、教育が難しい領域です。そして、多くの先輩たちがぶっつけ本番の障害対応の中で成長してきたのも事実です。それ故に、教育が不可能と認識されていることも多いのです。

　しかしながら、これは大変な誤解です。システム障害を検知してから復旧させるまでの間には、多くのノウハウがあります。

　体制の組み方、報告の仕方、プロセスごとに必要な活動や成功させるためのポイントがあります。これらの基本的な動作を学ぶだけで、あなた自身とチームの障害対応力は大きく向上し、インシデントコマンダーを効率的に育てられます。システム障害対応においても教育は可能なのです。

---

注1）最近では、本番環境で意図的に障害を引き起こし、システムの回復性を検証することを継続的に続けるカオスエンジニアリングという手法が注目されています。カオスエンジニアリングについては、本書の8章で紹介します。

## 1.1.2 ◆ 責任追及の場になりやすくふりかえりが難しい

　本書の8章で詳しく解説しますが、多くの改善と同じように、障害対応能力の向上にはふりかえりが有効です。しかし、多くの組織において、ふりかえりは効果的に行われてはいません。もし行っていたとしても、心理的安全性が低く、形骸化していることも多いのです。

　システム障害の報告というのは、マイナスからのスタートであり、ユーザに迷惑をかけている状況です。あなたがユーザの立場であれば報告者を厳しく追及したくなるでしょうし、あなたが報告者であればユーザに対して隠したくなるでしょう。

　システム障害の報告は、プロジェクト状況の報告・リリースの報告などと比べネガティブな内容であることが前提であり、定量的な指標もないため、主観的で感情的な議論になってしまいがちなのです。その結果、前向きな改善を検討することなく議論が終わってしまいます。

## このセクションの まとめ

　このセクションでは、システム障害対応の教育が進化しなかった理由を述べました。

- ☑ 反復訓練ができず教育が難しい
- ☑ 突発的に起こるため、教育計画に基づいたアサインができない
- ☑ 心理的安全性が低く、ふりかえりによる学習ができない
- ☑ 教育はできず、経験でしか学べないという誤解がある

　多くの要因から、これまでシステム障害対応のノウハウは暗黙知であり、断片的なアドバイス・武勇伝しかありませんでした。多くの組織において、障害対応は「背中を見て学べ」だったのです。経験頼みは今後何をもたらすのでしょうか？

# 1.2 上昇し続けるシステム障害対応の難易度

　システム障害対応の難易度は、どんどん上昇し続けています。このセクションでは、障害対応の難易度がどのように変化してきたか、そしてそれはなぜなのかを解説します。新しいシステムや組織に、あなたやあなたの組織は対応できるでしょうか。

## 1.2.1 インフラの集約と分散化がもたらした障害影響範囲の拡大

　2000年代後半に、VMwareなどの仮想化製品・技術の導入が本格的に進みました。これにより、ハードウェアの保守期限に依存せず、ビジネスロジックの延命が可能になりました。

　また、ハードウェアの性能向上により、多くの仮想マシンを1つの物理マシンに集約させることが可能になり、コスト効率を向上させられるようになりました。これは、サーバだけでなくネットワーク機器についても同じことが言えます。

　しかし、仮想マシンやネットワーク機器が集約されればされるほど、そのインフラにシステム障害が発生した際には、同時多発で広範囲に影響が及ぶようになってしまいました。たとえば、ストレージに対する障害の発生によって、そのストレージ内に保管された多数の仮想マシンイメージが全部吹っ飛んでしまうなど、共通部位に障害が発生した際の影響は大きくなります。障害発生時の影響範囲はどんどん拡大しているのです。

　日々の運用における負荷も上がっています。データセンターの電源がどのサーバにつながっているのか、どの物理マシンの上でどの仮想マシンが動いているのか、さらにその上で動くビジネスロジックは？　これらのリレーションを正しく管理できていなければ、インフラに障害が発生したときに、ユーザ業務への影響を迅速に把握することができません。ところが、運用管理対象の数は、仮想化レイヤが増えるたびに指数的に増加していきます。

## ▌システム障害の影響範囲は拡大している

仮想レイヤを分離し柔軟な設計が可能になったが、管理負荷は上がる
インフラを集約するとコスト効率は上がるが、障害影響は広がる

　オンプレミスのシステム運用負荷が上がり、ランニングコストの増大に加え、ビジネス変化のスピードへの対応が難しくなってきました。それに伴い、インフラを捨ててIaaS／PasS／FaaSなどクラウドの選択をする企業も増えてきました。

　さらには、アプリケーションアーキテクチャにも手を加え、クラウドネイティブ・マイクロサービス化によってリレーションを疎結合にすることで運用負荷を下げる取り組みも広まっています。非機能要件の考え方も変わり、信頼性[注2]ではなく、回復性に力点を置くシステムが増えてきました（➡ **7.2.3**）。

　ところが現在でも多くのシステムが、ビジネスロジックに影響するようなアーキテクチャの変更を許容できず、塩漬けされているのです。

---

注2）信頼性という言葉は、本書では主に「壊れにくさ」の指標として使用しています。しかし、広義のサービス安定
稼働全般に関する言葉として用いられることもあります。
・「RASIS」（Wikipedia）
　https://ja.wikipedia.org/wiki/RASIS
・「AWS Well-Architected Framework　信頼性の柱」／AWS
　https://docs.aws.amazon.com/ja_jp/wellarchitected/latest/reliability-pillar/reliability.html

# 1.2.2 ◆ 技術的負債による管理対象技術の増加

Lift&Shift[注3]と称して、オンプレミスのシステム構造のままでIaaSを中心としたクラウド化（Lift）をしたものの、再構築を行うShiftは先延ばしにされるなど、多くの現場では以下のような中途半端なデジタルトランスフォーメーション（DX）モドキが行われています。

☑ オンプレミスからクラウド（IaaS環境）にCOBOL資産を移行するが、Liftのみで、サーバレスアーキテクチャの恩恵を受けられない
☑ 何らかの理由でクラウドに載せられない一部のシステムがオンプレミスに残留し、複雑な接続性の管理を強いられる

このような状況になる理由は以下のようなものです。

☑ ビジネスロジックの再構築や再テストを行う費用を捻出できない
☑ アプライアンス機器があるためにクラウド化できない
☑ ソフトウェアライセンスが不利になる　など

新しい企業であれば、最初からクラウドネイティブアーキテクチャを採用できますが、技術的負債を返済できない既存企業は、新しい技術を採用しつつもすでにあるシステム（そしてビジネス）を維持する必要もあり、新旧のシステムに対する運用の二正面作戦を強いられます。

新旧のシステム／技術が混在するつぎはぎシステムは運用負荷が高く、障害復旧対応も複雑になります。技術的負債は、ランニングコストの問題だけでなくシステム障害対応の難易度をも上げ、事業継続のリスクとなるのです。

☑ 古い技術／システムに対する有識者の退職とブラックボックス化により、障害復旧そのものができなくなる可能性がある

---

注3）オンプレミスのシステム構造（VM）のまま、IaaSを中心としたパブリッククラウドに載せ替え（Lift）、その後、クラウドネイティブを前提としたアーキテクチャ変更を行う（Shift）という考え方です。

☑ 今いる人員を古い技術／システムに割り振る必要があるため、新しい技術を身に付ける機会を奪い、さらなる離職を招く
☑ 古いシステムの運用コストがかかり、新しいシステムへの投資ができず、抜本的な解決手段をますます失う
☑ 新旧システムの接続によって、障害影響調査範囲が広がる

## ▌インフラとアプリの境界はどんどん曖昧になる

| オンプレミス・物理 | オンプレミス・仮想化 | IaaS | CaaS | PaaS | FaaS※2 | SaaS |
|---|---|---|---|---|---|---|
| 業務データ | 業務データ | 業務データ | 業務データ | 業務データ | 業務データ | 業務データ |
| ビジネスロジック・アプリケーション | ビジネスロジック・アプリケーション | ビジネスロジック・アプリケーション | ビジネスロジック・アプリケーション | ビジネスロジック・アプリケーション | ビジネスロジック・アプリケーション | ビジネスロジック・アプリケーション |
| ミドルウェア※1 | ミドルウェア※1 | ミドルウェア※1 | ミドルウェア※1 | ミドルウェア※1 | ミドルウェア※1 | ミドルウェア※1 |
| コンテナ | コンテナ | コンテナ | コンテナ | コンテナ | コンテナ | コンテナ |
| OS | OS | OS | OS | OS | OS | OS |
| 物理サーバ | 仮想マシン | 仮想マシン | 仮想マシン | 仮想マシン | 仮想マシン | 仮想マシン |
| | 物理サーバ | 物理サーバ | 物理サーバ | 物理サーバ | 物理サーバ | 物理サーバ |
| ネットワーク・ストレージ | ネットワーク・ストレージ | ネットワーク・ストレージ | ネットワーク・ストレージ | ネットワーク・ストレージ | ネットワーク・ストレージ | ネットワーク・ストレージ |
| データセンター | データセンター | データセンター | データセンター | データセンター | データセンター | データセンター |

※1 ミドルウェア：ここではデータベースやWebサーバなどを指す
※2 FaaS：関数のみを構築・運用する。AWS/Lambda、Azure/Functionなど

　上の図は、オンプレミスとクラウドの管理範囲を表現したものです。クラウドといっても、利用の仕方によってレイヤごとの管理範囲は異なります。
　クラウドネイティブアーキテクチャの浸透は、「インフラチーム」「業務アプリケーションチーム」といった、組織の従来の境界線を曖昧にします。
　これまでV字ライン開発やウォーターフォール開発を行っていた組織に対して、アジャイル開発、DevOpsといった手法を導入することにより、開発・運用のための組織やプロセス定義が変わります。つまり、障害対応を担うシステム運用組織の再定義が必要になるのですが、技術的負債を抱えたまま変革を行うことは容易ではありません。

その結果、つぎはぎのシステムだけでなく、つぎはぎの組織が生まれることになり、組織の複雑化をもたらします。組織の複雑化がもたらすデメリットについては、続く1.2.3で解説します。

## 1.2.3 ◆ 組織の大規模化・複雑化に伴う コミュニケーションコストの増大

変化するのはシステムだけではありません。企業は成長するものです。コミュニケーションにかかるコストは、人数やチームが増えると指数的に上昇します。単に人数が増えるだけではありません。システムが複雑に絡み合うと、組織もまた複雑に絡み合い、コミュニケーションを難しくしていきます。

**▌関わる人数が少なければコミュニケーションも楽**

Web, データベース,
インフラ, 運用……

**▌チームが増えるとコミュニケーションコストが増大**

もちろん、こうした問題は開発プロジェクトについても同じことが言えます。しかしながら、じっくりコミュニケーション計画を練ることができる開

発プロジェクトとは違い、システム障害対応は緊急を要するものであり、その難易度は比になりません。

　システム障害対応をスムーズに実施するためには、障害の影響範囲に応じて、必要な体制を瞬時に構築する能力がインシデントコマンダーに求められます（→**3.2**）。そして、システム障害対応時の混乱を抑止するために、必要なメンバーの連絡先や対応フローなど、事前に規定しておくべき事項があります（→**5章**）。

## このセクションの まとめ

　このセクションでは、障害対応の難易度がどのように変化するかを述べました。

- ☑ インフラ集約は、コスト効率のトレードオフで障害影響範囲を拡大させた
- ☑ 仮想化レイヤの追加は、管理対象を増加させ運用負荷を上げる
- ☑ 新旧技術混在のつぎはぎシステムは、運用の難易度を上げる
- ☑ 組織の大規模化・複雑化が、コミュニケーションの難易度を上げる

　企業が成長し、年を重ねるごとに大規模かつ複雑なシステムに立ち向かう必要が出てきます。新しい技術や組織はITのビジネス上の価値を高めますが、正しく取り扱う必要があります。古い世代の仕組みや組織が残ることによって複雑化し、システム障害対応の難易度を高めることも多くあります。

　あなたがシニアマネージャーであれば、後輩たちから障害報告がなかなか上がってこないと感じているかもしれません。それは彼らの能力不足ではないのです。あなたの現役時代とは状況が違うのです！　それにも関わらずシステム障害対応の教育は進化しておらず、実際にシステム障害対応の現場では多くの問題に直面することになります。

# 1.3 システム障害対応時に 起こり得るさまざまな問題

　企業とシステムが成長してくると、システム障害対応の現場では多くの問題が発生します。このセクションでは、システム障害対応の現場で起こりがちな、典型的な問題の一部を紹介します。

## 1.3.1 ◆ ポテンヒット

　プロジェクト管理でよく使われる言葉で、あたかも野球の内野と外野の間に球が落ちるように、人と人の間にタスクが落ちてしまい誰もやっていないことをポテンヒットと言います。

　システム障害の原因調査が進み、修正が必要なパラメータファイルが判明しました。そこまでは良かったのですが、

インシデントコマンダー：「Aさん！　修正は終わりましたか？」
作業担当A：「え？　私がやるのですか？　Bさんがやっていると思っていました」
作業担当B：「え？　私ですか？」

といった具合です。

　ポテンヒットの問題は、インシデントコマンダーから作業担当（→**3.1.2**）への指示の仕方や、ホワイトボードやグループチャットなどの障害状況ボード（→**3.2.7**、**5.4**）の使い方に問題があることが多いです。これらについては、本書の3章や5章で詳しく解説します。

## 1.3.2 ◆ デマ・情報の錯綜

　システム障害対応の現場では、さまざまなデマや間違った情報、古い対応

策が飛び交うなど、情報が錯綜します。「ユーザ業務への影響はありません」と一報が流れた後に、「詳しく調査したら、やはり業務影響がありました」といったケースはよくあります。さまざまな会話やメールのやり取りが頻繁に行われる中で、何が最新情報なのかがわからなくなったりもします。

こうしたデマ・情報の錯綜の問題は、指揮命令系統が一元化できていないなどチームの体制に問題があるケース、障害状況ボード（→**3.2.7、5.4**）やコミュニケーションツール（→**4章、6章**）に問題がある場合が多いです。体制については3章で解説します。適切なツールについては4章や6章で解説します。

## 1.3.3 ◆ パニックとフリーズ

システム障害に直面し、何をして良いかわからず固まってしまう人がいます。これは、経験の浅い若手の作業担当に多いのですが、インシデントコマンダーがこのタイプのときもあります。その場合、事態はずっと深刻です。

オロオロするだけのインシデントコマンダーから何も指示が下りてこず、作業担当が自己判断で行動する（もしくは行動しない）ことによって、二次被害や対策の遅延が発生していきます。

**▎適切な指示がないことによる問題**

前例のないトラブルだから、
何をすれば良いのかわからない……

指示がないから何もしない
　→対応の遅れ、影響範囲の拡大

指示がないから自分の判断で対応する
　→二次被害の発生

システム障害が発生したら何をするべきかについては、4章の各プロセスで詳しく解説します。また、インシデントコマンダーの役割やスキルセットについては3章で解説します（→**3.1.1、3.2**）。

## 1.3.4 ◆ 二次被害

　二次被害は、システム障害では本当によく起こります。代表的なものは、ワークアラウンドとして実行した手順の誤りや、手順は正しいにも関わらず実行段階でのコマンド入力ミスなどで、被害がさらに広がるケースです。

　私もかなり痛い目にあっています。手順書に記載されたサーバ名が間違っていたために関係ないサーバをシャットダウンしてしまったり、ファイルを削除しようとして誤ってシステム領域をまるごと消してしまったり、再実行してはいけないプログラムを走らせた結果データの件数が2倍になってしまったり、数え上げればきりがありません。

　システム障害対応は緊急事態ですから、うまくいかなくて当然なのですが、少しでも成功率を上げるためのノウハウを4章で解説します（→**4.4**）。また、ミスを防ぐ手順書については11章で解説します。

## 1.3.5 ◆ 人的リソースの枯渇

　システム障害対応は緊急性が高く、緊張感の中、場合によっては作業が長時間に及ぶことがあります。こうした作業の心身への負荷は非常に高いため、昼夜を問わず必要な対応を続けていると、倒れる人も出てきます。

　システム障害の発生直後は、瞬発力を高めるため最大限の体制でもって臨むことが多いのですが、長期化が予見された時点で、別の体制に切り替えていく必要があります。システム障害対応の体制作りについては、3章で詳しく解説します（→**3.1.5**、**3.2.3**）。

## 1.3.6 ◆ 漏れ

　障害対応において、我々は多くの「XX漏れ」をしてきました。次の表に、代表的なものを挙げます。

**▌障害対応におけるさまざまな「漏れ」**

| 分類 | 主な問題 |
|---|---|
| 連絡漏れ | ・連絡網がない（陳腐化）<br>・連絡の基準がない（陳腐化） |
| 影響調査漏れ | ・自分の担当外システムへの確認が不十分<br>・[時間差] 潜在影響の調査が不十分<br>・調査方針／範囲の認識相違 |
| 作業漏れ | ・[実施不正] 手順書通りに実施しなかった<br>・[手順不備] 手順書が誤っていた、実行可能条件が変わっていた |
| 確認漏れ | ・検知した事象の復旧は確認したが、全機能の確認をしなかったため、起動すべきサービスを漏らした |

　このように、数え上げればきりがありません。「XX漏れ」という言葉は、現場のウッカリを主要因として片付けがちですが、網羅性を担保するためのドキュメントの整備不良や、確認方法の問題がほとんどです。さまざまな側面から手を打つ必要がありますので、本書の各章 (3章：体制、4章：プロセス、5章：ドキュメント、6章：ツール、8章：改善、11章：手順書) で解説します。

## このセクションの まとめ

　このセクションでは、障害対応の現場でよくある問題の一部を述べました。そう、これは一部なのです。実際にはもっと多くの問題に直面すると思います。これらを予防・軽減するための障害対応の基本動作・ノウハウがありますので、次の章から解説していきます。

# 第2章

# システム障害の定義

　この章から、いよいよシステム障害対応について解説していきます。ですが、具体的なシステム障害対応のノウハウについて解説する前に、まず、障害対応プロセスの開始の基準になる、「システム障害とは何か？」について述べます。

　システム障害の定義は、組織や個人によって内容が変わってきます。また、解説書などによっても内容が異なるのが実情です。本書においてもシステム障害を定義し、推奨事項はありますが、こうしなければならないというものではありません。大事なのは、「システム障害とは何か」を定義し、事前に関係者の認識を合わせることです。

# 2.1 ◆ システム障害とは何か

　システム障害対応について解説する前に、システム障害とは何かを定義しておく必要があります。このセクションでは、システム障害の定義が必要な理由、本書における定義と推奨するポイント、そして定義をいかに適用させるかについて解説します。

## 2.1.1 ◆ システム障害の定義が必要なわけ

　なぜ、システム障害の定義を行う必要があるのでしょうか。それは、システム障害の定義が、システム障害対応のプロセスを開始するトリガーの定義でもあるからです。

　システム障害として定義された内容に合致する事象を検知した場合、システム障害対応を開始します。システムへの影響と原因の調査を行い、ユーザの業務を復旧させ、その後、システムに問題があれば改修を行います。調査の結果、ユーザ側の操作に問題があるという判断になれば、障害原因をユーザ側操作として障害対応をクローズします。

**▌システム障害の定義はプロセス開始トリガーの定義と同じ**

　実際のシステム障害対応の現場では、「システムエラーが表示されている

が、連絡したほうが良いかな？」「こんな夜中に連絡したら迷惑かな？」と迷うことが頻繁に起こります。システム障害の定義が曖昧だと、障害かどうかの判断が遅れ、システム障害対応の初動や関係各所への連絡が遅れてしまったり、そもそも対応がされなかったりといった問題を引き起こす原因となります。

## 2.1.2 ◆ 本書におけるシステム障害の定義・定義する際のポイント

本書では、システム障害の定義を

「リリース後のシステムにおいて、システムの不具合やユーザ側の操作ミスで、ユーザ業務に影響が出ている。もしくは出るおそれがあるもの」

としています。システム障害を定義するうえでは次のポイントに留意する必要があります。

**◗Point ユーザ業務に影響がなくてもシステム障害と定義する**

ユーザ業務に影響がなくてもシステム障害として管理することを推奨します。ユーザ業務に影響が出る可能性がある時点で、すべてシステム障害として取り扱い、障害対応プロセスを開始すべきです。

**❙ユーザ業務に影響がない場合もシステム障害として定義する**

アプリケーションのビジネスロジックにバグが見つかりました。該当業務はまだ始まっておらず、現時点でユーザ影響はありません

サーバがダウンしましたが、待機系サーバへの切り替えが正常に完了し、業務への影響はない状態です

すべてシステム障害として管理し、対応プロセスを開始する

たとえばビジネスロジックアプリケーションであれは、プログラムにバグがあるものの、該当する業務がまだ発生しておらず顕在化していないケースです。インフラであれば、クラスタ構成のサーバがダウンし縮退運転（待機系のサーバで業務を継続する）することによって、可用性や全体性能は低下しているものの業務には影響が出ていないようなケースなどです。

この段階では業務には影響が出ていませんが、影響が出る可能性があると考えられるため、システム障害として管理・対応します。

### ● Point システム提供者側に責任がない場合もシステム障害と定義する

システム提供者側（つまり自分たちの組織）に責任がない場合というのは、たとえば通信事業者側のトラブルによってシステムの機能が使えないケースなど、サードパーティの障害が原因のシステム障害などが挙げられます。これらのケースについても、システム障害として管理することを推奨します。

### ● Point システム障害定義を具体的な事象にはしない

システム障害を定義する際に、具体的な事象そのものを障害の定義とするのは非推奨です。たとえば、以下のような定義は推奨しません。

**良くない定義の例**
- ☑ サーバがダウンした場合
- ☑ ネットワークにつながらない場合

このような細かい事象で定義をするときりがありません。結果的に網羅性を欠くことになってしまい、実際にシステム障害が発生した際に判断に迷う可能性が高いです。

システム障害を定義する際には、瑕疵責任、保守契約の問題、そもそもの言葉のネガティブさも相まって、定義の範囲を狭くする人がいます。しかしながら、ユーザ視点・顧客視点に立って定義することが重要であり、なるべく範囲を広く捉えることが望ましいでしょう。

## 2.1.3 ◆ システム障害の定義の適用・展開・維持

あなたのシステムや組織において、システム障害の定義を決めることができたなら、それらを定着させ、改善し続ける必要があります。

決定されたシステム障害の定義をドキュメント化して展開するのは、障害対応チームが障害対応時に目にする場所を推奨します。たとえば、障害対応フロー図や連絡先管理表といったドキュメントと同じ場所です。障害対応フロー図のトリガーに、その定義を記載するというのも良いでしょう。サンプルを5章に記載しましたので、参考にしてください（→**5.1.2**）。

この定義を維持するうえでは、障害対応のふりかえりポイントの1つとして「障害対応の開始タイミングが適切であったか」を入れておくことを推奨します。こうすることで、ルールの形骸化を防げます。

このセクションの **ま と め**

ここでは、システム障害の定義について説明しました。普段からシステム障害対応をしている人でも、一言で定義しろと言われると、悩んでしまうことも多いのではないでしょうか。それぞれの組織文化によって異なるため、新しいシステムを担当するとき、関係者が変わったときには、まずこの定義から確認すると良いでしょう。

☑ システム障害の定義は組織文化ごとに差異がある
☑ この定義は、システム障害対応プロセス開始のトリガーとなる
☑ 定義の判断に迷ったら、よりユーザ視点・顧客視点で考える
☑ 業務影響が出ていない場合や、システム提供者に責任がない場合でも、システム障害として取り扱い、範囲を広く捉える
☑ 関係者で合意し、周知・展開することが必要である

次のセクションでは、システム障害対応の定義について説明します。

# 2.2 システム障害対応の目的と定義

　このセクションでは、システム障害対応の定義について説明します。これも、前のセクションで解説したシステム障害の定義と同じように、各組織やシステムで差があります。目的がずれていると、チームメンバーすべての行動のベクトルがずれてしまうので、事前に認識を合わせておくのは非常に重要です。

## 2.2.1 ◆ システムを直す≠障害対応

　システム障害対応の目的は、システムを直すことではありません。ユーザの業務影響を極小化し、早期に業務を復旧させること。これがシステム障害対応の目的です。システムを直すことは、業務回復の手段の1つであり、目的ではないのです。

　たとえば、運悪くシステムの状態が回復しないときに、ユーザ側に「システムを使わずに手動で業務を継続してもらう」といったことも、システム障害対応に含まれます。極端な話、業務さえ継続できていれば、システムなどはどうでも良いのです。この目的に対する考え方は、4章で解説する障害対応の各プロセスにおける、行動の優先順位につながります。

## 2.2.2 ◆ どこからどこまでの活動をシステム障害対応と呼ぶのか

　システム障害対応の目的の確認ができました。次にシステム障害対応の定義について確認しましょう。

　システムの不具合などを検知して、影響や原因の調査をし、復旧させ、本格的なシステム改修を行う一連の活動において、システム障害対応とはどこからどこまでの活動を指すのでしょうか。これもまた、各組織やシステム、そして手法によって異なります。事前に関係者の認識を合わせておきましょ

う。ここでは、本書における定義とともに、代表的な例について説明します。
あなたの組織の障害管理単位に置き換えて考えてみてください。

システム障害対応に関連するプロセスには、大きく以下の7つがあります。

## 1. イベントの確認

システムエラーやユーザからの申告（この時点ではシステム障害ではない）。

## 2. 検知・事象の確認

システムが本来の機能を果たせていない可能性を検知した時点で、障害対応を開始する。

## 3. 業務影響調査

システム障害によってユーザにどんな影響が出ているかを調査する。

## 4. 原因調査

システム障害を引き起こしている部位を特定する。なぜそのような状態に至ったかを調査する。

## 5. 復旧対応

業務を回復するための手段を実施する。

## 6. 本格（恒久）対策

5が暫定的な手段であった場合、本格的な対策を行う（修正版のアプリケーションをリリースする、サーバを保守交換するなど）。

## 7. 障害分析・再発防止策

システム障害の類似調査や根本原因を分析し、再発防止を行う。

本書において、システム障害対応とは2〜5までを指しており、以降ではこの2〜5を中心に解説します。

**┃システム障害対応に関連するプロセス**

| イベントの確認 | 検知・事象の確認 | 業務影響調査／原因調査 | 復旧対応 | 本格（恒久）対策 | 障害分析・再発防止策 |

「イベントの確認」「本格（恒久）対策」
「障害分析・再発防止策」について

　前掲した「1. イベントの確認」のような、システムエラーの確認行為はシステム障害対応に含まれるのでしょうか？　この時点ではシステム障害ではありませんので、システム障害対応に含めていません。

　たとえば、オペレーターからの電話やメールで単一もしくは複数のシステムエラーを認識したとしても、「このエラーは問題ないものだ。無視しよう」となれば、「2. 事象の確認」には進まずシステム障害として扱いません（ただし、そのような無駄なコールはToil[注1]ですから望ましいものではありません）。

　では、ユーザや顧客からのクレームはどうでしょうか？　クレームの中には「画面につながらない」など、明らかにシステム障害の申告という場合があります。これはもちろん「2. 事象の確認」のプロセスへ進みます。一方で、「この画面のここが使いづらい」といった、システム改善要求に関わるものも多くあります。これはシステム障害ではなく、サービスの変更要求として管理していきます。

　一方、前掲した「6. 本格（恒久）対策」「7. 障害分析・再発防止策」は、システム障害の再発を防ぐために必要な活動です。業務はすでに復旧しており緊急性はなくなっているため、関係者を集めてじっくりと行うのが一般的です。本書では、2.2.1でシステム障害対応の目的を「ユーザの業務影響を極小化し、早期に業務を復旧させること」と定義していますので、この活動はシステム障害対応に含めていません。

## 2.2.3 ◆ システムや組織による定義の違い

　システムや組織によって、システム障害対応プロセスの範囲は異なります。これは、どちらが正しいというものではなく、一連の活動をどのカットで区

---

注1）「トイル」と読みます。Google SREにて定義された言葉で、必要だが自動化可能な嬉しくないことの総称です。自動化可能、手作業、繰り返し、長期的価値なし、戦略的ではなく戦術的、サービス成長とともに増えるといった特徴があります。

切るか、どの単位でまとめて管理するかだけの問題ですので、本書と違ったからといって気にする必要はありません。

　ただし、システム障害対応プロセスに何の活動が含まれるかという考え方の違いは、さまざまな報告の記載範囲、ドキュメントの管理単位、ツール設計(障害チケット管理システムなど)に影響していきます。あなたの組織ではどのようなプロセス設計をしているのか確認しましょう。

　システム障害対応プロセスの範囲は、可能な範囲(部門、顧客、チーム、システムなど)で認識を合わせ、揃えることが望ましいです。システム障害対応プロセスの範囲を確認する際には、次のポイントに留意すると良いでしょう。

### ●Point 活動の記録がどこで行われるかに着目する

　障害対応に含まれるのかどうか曖昧な活動があった場合には、「その活動の記録がどこで行われているか」に着目するとわかりやすいです。たとえばユーザからのクレームを、変更要求記録ではなく、障害対応記録で管理しているのであれば、システム障害対応プロセスの中に含めてしまったほうが、現場での認識合わせはスムーズでしょう。

### ●Point 用語を同じ意味で使っているかどうか確認する

　使われている用語が同じでも、意味が違うといったこともあり得ます。たとえば、「障害報告書」を顧客向けの謝罪文書として扱っているチームもあれば、ふりかえり(ポストモーテム)のための文書として扱っているチームもあります。具体的なアウトプットなども見せて認識合わせを行っていきましょう。

### ●Point プロセス範囲の揃え方をきちんと検討する

　チーム間でプロセス設計が異なり、揃える必要がある場合は、どのようなやり方で揃えるかを検討します。たとえば次のようなやり方があります。

## 1. どちらかのチームにプロセスを寄せてしまう

　これはオーソドックスで最も簡単なやり方でしょう。差異が小さい場合は、このやり方で実施することが多いです。

## 2. あるべきプロセスを再設計し導入する

　侃々諤々の議論を行う必要があることが多く、1よりも時間がかかります。ただし、新規の組織や、部門内の差異が大きく本格的に見直しが必要といった場合は、1ではなく2のやり方で実施するほうが効率的な場合があります。

## 3. ツールに揃える

　障害対応プロセス管理を行うツールを導入している場合は、そのツールに揃えてしまうというやり方です。しかしながら、ITIL準拠型のツール、開発管理から派生したツール、その他のツールで差が大きいので注意してください。また、ツールさえ入れたら、後は勝手に業務が揃うということは絶対にあり得ませんので、こちらも注意が必要です。

## 2.2.4 ◆ 主要なマネジメントフレームワークの概要

　プロセスの検討において、参考とするマネジメントフレームワークには、ITILやICSといったものがあります。本書の2.2.2で解説した活動の範囲との違いも踏まえて、簡単に紹介します。

### ● ITIL

　ITILはITサービスマネジメントにおけるベストプラクティスです。ITILを導入している組織では、「1. イベントの確認」はモニタリングおよびイベント管理やサービス要求管理として位置付け、システム障害対応（2～5）はインシデント管理が主に担います。「6. 本格（恒久）対策」以降は、問題管理・変更実現・リリース管理として管理していることが多いでしょう。

## ● ICS：インシデントコマンドシステム

　本書で解説するインシデントコマンダーの語源は、インシデントコマンドシステム（ICS：Incident Command System）と呼ばれる、米国の医療・災害対応などの現場で使われるマネジメントフレームワークです。この概念は、SRE（→**7.2.2**）の障害対応プロセスでも導入されています。本書でも、インシデントコマンダーといった役割やフォーメーション、COP（Common Operational Picture）といったツール面など、ICSの要素を多く解説します。

　障害対応プロセスは、「トリアージ⇒緩和⇒解決」とされることが多いですが、現場によって違いがあります。日本のIT業界では馴染みが薄い言葉かもしれません。

　トリアージでは、医療における患者の重症度評価に基づいて優先度を決める行為と同じく、システム障害を検知し重大度の評価をします。緩和では業務影響軽減策や暫定的な復旧対応、解決では根本原因の除去を行います。

　また、この後にフォローアップ（ふりかえり）のプロセスを設け、障害対応プロセスに含めている組織もあります。

### ▍本書の活動範囲とITIL・ICSの違い

**■本書における障害対応プロセス**

**■ITILベースの障害対応プロセスの例**

**■ICSベースの障害対応プロセスの例（SREなど）**

# このセクションの まとめ

　ここでは、システム障害対応の目的と活動の範囲について説明しました。今まで自然と行ってきた暗黙知の活動も、いざ定義すると難しいのではないでしょうか。

☑ システム障害対応の目的は、システムを直すことではなく、ユーザ業務を回復させること
☑ 本書では、システム障害を検知（認識）した時点から業務を復旧させるまでの活動をシステム障害対応として定義する
☑ システム障害対応として位置付ける活動の範囲によって管理ドキュメントやツールに影響が出るため、事前に関係者の認識合わせを行う

　2章を通じて言えることは、組織やシステムごとに考え方が異なる点です。どれが正しいかは一概には言えないのですが、事前に関係者で認識を揃え周知することが非常に重要です。
　システム障害とは何かの定義ができましたので、次章からは、障害対応の関係者、特にインシデントコマンダーについて解説します。

# 第3章

# システム障害対応の登場人物と役割

　この章では、システム障害対応の関係者の役割、そしてフォーメーションについて解説をします。これを理解することで、障害発生時に必要な人を集め、適切な体制を構築することができます。予防・削減できる主要な問題は次のとおりです。

- ☑ 役割の不明確さによるポテンヒット
- ☑ 指揮命令系統の混乱による錯綜

　障害対応のリーダーであるインシデントコマンダーは非常に重要なのですが、その役割がおらず、全員が作業担当になってしまうケースが散見されます。平時であれば、リーダーのいないチームや窓口のない組織などあり得ないのですが、障害対応時にはシューティングに夢中になり、必要な体制が構築されないことが多いようです。

　まず、3.1で登場人物と体制の概要を説明します。3.2以降では、個別の役割について解説していきます。

## 3.1 システム障害対応の登場人物の概要と体制

このセクションでは、システム障害対応の関係者とその役割について概要を紹介します。ここで紹介する役割は、最小の障害対応チーム構成を前提に記載している点に留意してください。最小構成で記載している理由は、障害対応は緊急時なので、人が集まらない可能性があるためです。

障害対応の中心となるのはインシデントコマンダーと作業担当です。つまり最小構成人数を2名としています。障害の規模に応じて、インシデントコマンダーの役割は分割・移譲していきます。

### 3.1.1 インシデントコマンダー

**インシデントコマンダー**は、障害対応における現場リーダーです。障害対応方針を決め、全体を導き、管理をします。コントローラー、障害リーダー、旗振り役などと呼ばれています。

この役割は、障害の規模によって分離、移譲し、複数人で担うことがあります。

**┃インシデントコマンダーの役割**

主な役割
・作業担当への実施指示（旗振り）
・障害対応要員や関連チームの招集・組成・維持（体制構築）
・顧客、関連チームとのコミュニケーション（窓口）
・障害の発生と終息の宣言
・要員のシフト、食事、宿泊（兵站）
・情報の整理と更新（障害状況ボード）
・外部向けのオフィシャルな障害報告書（レポーティング）
　たとえば、監督官庁への報告資料などを含む

なお、実施の承認権限まで持っているかどうかは、顧客との契約形態や統制記述に依存します。SIerの場合、顧客資産の環境変更承認は、顧客（委託主）が権限を持っているケースが多いです。

### 3.1.2 ◆ 作業担当

**作業担当**は、障害を解決するために実際に手を動かして対応を行う役割です。SME（Subject Matter Expert）、システム担当、対応者など、現場ではさまざまな呼ばれ方をしています。呼び名に共通しているのは、そのシステム・プロダクト・技術領域に対する専門家（他の人より相対的に詳しい人）であることです。

この役割は、1人以上で担います。

▌作業担当の役割

主な役割
・調査作業
・復旧対応作業
・インシデントコマンダーへの報告

### 3.1.3 ◆ ユーザ担当

**ユーザ担当**は、ユーザ部門[注1]とシステム部門（障害対応チーム）の間に立ち、翻訳や調整を行います。また、ユーザ向けの情報発信を主導もしくはサポートします。この役割を担う人は、ITサービスの提供形態によっても異なります。SI契約であれば、「ユーザ企業のシステムXX課」というケースが多いでしょう。

▌ユーザ担当の役割

主な役割
・業務用語とシステム用語の翻訳
・ユーザ部門とシステム部門の調整

---

注1）「ユーザ」と「顧客」という2つの言葉について、本書では使い分けを行っています。本書では、ITサービスを利用する人をユーザ、ITサービス提供者と契約を行う人を顧客と呼んでいます。

# 3.1.4 ◆ CIO

　CIO（Chief Information Officer）は、経営とITの間に立ち、重大障害の局面においては、事業の優先度に基づいた判断を下します。たとえば、コンティンジェンシープランを発動し、DRサイト[注2]への切り替えを行い、一時的に事業を止めてシステム復旧を行うといった重大な判断です。システム障害時にはIT部門の代表として、事業部門・広報・法務・財務といった複数の部門と連携します。CIOを情報システム部門長が担うケース、情報システム部門長とは別の役員が担う（兼務を含む）ケース、その両方が存在するケース、存在しないケースなど、形態はさまざまです。

**▎CIOの役割**

> 主な役割
> ・経営側とIT側の間に立って調整
> ・事業の優先度に基づき緊急時の判断を下す

# 3.1.5 ◆ 障害対応のフォーメーション

　障害対応の中心になるのは、インシデントコマンダーと作業担当です。この2つの役割のセットで障害対応チームを組みます。

　障害対応の規模や、チームの内部構造（パートナー／派遣契約メンバーの有無）によって障害対応チーム構造は変わります。また、ITサービスの提供形態（SI、サービス型など）によって、ユーザ担当などの関係者の位置付けは変わります。

### ● SI契約におけるフォーメーション

　次の図は、SI契約における障害対応フォーメーションの例です。

---

注2）ディザスタリカバリーサイト。バックアップサイトとも呼ばれる。災害などによりメインのITシステムでの業務継続ができなくなった場合に利用する代替システムのこと。

**|障害対応フォーメーションの例**

　この図では、ベンダーX社が維持管理するY社向けのITシステムに障害が発生し、X社の障害対応チームが立ち上がります。そして、ユーザ企業Y社の発注者であるY社システム部(ユーザ担当)と対応を開始します。

　これは非常にシンプルなフォーメーションの例になります。あなたの組織ではどのような障害対応チームになるでしょうか？

　インシデントコマンダーにとって重要なのは、これらの体制を瞬時に描けるかどうかです。「マルチベンダーだったらどうなるのか？」「社員とパートナーの役割分担は？」など、各組織で事情は異なります。

　本書では、いくつかのフォーメーションのデザインパターンを紹介します。しかし、日本特有のITサービスの多重請負構造と相まって、多くのパターンがあるのが実情です。自分たちの場合はどうなるのか、事前に整理し取り決めを行いましょう。

### ● SI契約におけるフォーメーション(マルチベンダー)

　次の図は、先ほどの図と同様にSI契約ですが、マルチベンダーにおけるフォーメーションの例です。

**■障害対応フォーメーションの例（SI契約・マルチベンダー）**

マルチベンダーの
取りまとめは、
プライマリベンダーが
担うことも多い

Y社CIO

対応方針の合意・
承認など

エンドユーザ部門
・Y社 営業部

顧客
（ユーザ担当）
・Y社 システム部

顧客
（インシデントコマンダー）
・Y社 システム部

ベンダーX社の
障害対応チーム

インシデント
コマンダー

指示

報告

作業担当　　作業担当

ベンダーZ社の
障害対応チーム

インシデント
コマンダー

指示

報告

作業担当　　作業担当

　この図では、ベンダーX社だけではなく、Z社も障害対応を行っています。
マルチベンダーの発注元であるY社の担当が取りまとめを行います。ただし、
発注元であるY社側にそのような機能がない場合は、プライマリベンダーが
各社を取りまとめるといったケースや、システム障害の発信源のベンダーが
各社を取りまとめるケースもあります。

### 自社サービスにおけるフォーメーション

　自社サービスの場合は、ベンダーという概念はありません。次の図が、自
社サービスにおける基本的な障害対応フォーメーションの例です。

**▍障害対応フォーメーションの例（自社サービス）**

　この図では、エンドユーザとの調整を行うユーザ担当、重大な判断・承認を行うCIOの役割について、SI契約の場合との違いがないことを前提としています。ユーザ担当がサービスオーナーやプロダクトオーナーの役割を担い、CIOとインシデントコマンダーの間にいるケースもあります。

## このセクションの まとめ

　このセクションでは、障害対応の関係者の概要と、フォーメーションの例について説明をしました。

- ☑ 障害対応の関係者には、インシデントコマンダー、作業担当、ユーザ担当、CIOなどがいる
- ☑ 障害対応は、インシデントコマンダーと作業担当が中心となって行い、障害対応チームを作る
- ☑ フォーメーションは、障害規模や内部構造、ITサービスの提供形態によって変わる

# 3.2 インシデントコマンダーの役割と基本動作

このセクションでは、障害対応の中心人物であるインシデントコマンダーの役割と基本動作について解説します。インシデントコマンダーの育成については、9章で解説していますので参照してください。インシデントコマンダーの役割は、障害対応方針を決め、全体を導き、管理をすることです。

## 3.2.1 求められる能力・プロジェクトマネージャーとの違い

### ● インシデントコマンダーに求められる能力

インシデントコマンダーは、障害対応を行うサービス・システム・技術への深い知識を持っている必要はありません。私自身も、まったくの初見である担当外のシステムにおいて、インシデントコマンダーとして旗振りを行ったことは何度もあります。

重要なのは、技術力よりも障害対応をコントロールするためのマネジメントスキル、コミュニケーションスキルなどです。そして、全体の方向性や透明性の確保を行うことが、インシデントコマンダーの行動の重要な成功要因です。

### ● プロジェクトマネージャーとの違い

あなたが開発チームに属した経験がある場合、インシデントコマンダーの役割は、プロジェクトマネージャーに置き換えるとわかりやすいかもしれません。対応のスコープ、優先度、スケジュール、体制、コミュニケーション手段などを決める点は非常によく似ています。

しかし、次のような点で、開発におけるプロジェクトマネジメントとは異なります。

**▌プロジェクトマネージャーとインシデントコマンダー**

| プロジェクトマネージャー | インシデントコマンダー |
|---|---|
| じっくり | 緊急事態 |
| 先が見える | 未知の領域 |
| ミスしても後工程で取り返せる | ミスすると即座に被害が広がる |

## 3.2.2 ◆ 作業担当への実施指示（旗振り）

　障害対応の基本プロセス（→ **2.2.2**、**4章**）に従い、障害対応方針を決定し、必要な作業を各担当へ割り振り、実施指示を行い全体をリードします。

　障害対応は、複数の人間が同時に、緊急性をもって対応にあたります。全員が集まって会話をすることすら難しい状況にある場合も多いです。インシデントコマンダーによる旗振りによって、担当者間でのポテンヒットや作業のバッティングを防ぎます。

　体制の構築（→ **3.2.3**）によって、作業担当をシステム別・作業別（業務影響調査担当／復旧対応担当など）といった区分で分けている場合は、それに沿ったタスクを割り当てます。特定の作業担当やチームが苦戦している場合には、タスクの割り振りを変えることもあります。

　障害対応は緊急性を伴うため、すべての作業に取りかかれない可能性があります。そのような場合には、作業の優先度付けを行います。今やらなくても良い作業（たとえばログの退避作業や障害分析など）は後回しにします。

　緊急を要する障害対応時の指示においては、次に挙げるポイントに留意する必要があります。

#### ●Point 報告を受ける際は、見解・憶測だけでなく根拠・事実を確認する

　よくあるケースとして、「問題なし」といった報告があります。

　たとえば、実際にはシステムがダウンしているにもかかわらず、ユーザからの申告がなかったために作業担当はシステムがダウンしていないと判断し

てしまった……こんな場合も「問題なし」という報告になってしまいます。しかしながら、この「問題なし」は作業担当の見解・憶測でしかありません。

### 思いは伝わらない

（業務影響、システム状況などを
すべて確認したうえで）
問題はありませんか？

（ユーザからのクレームは
来ていないし）
問題はありません！

インシデントコマンダー　　　　作業担当

　そこで、どのような作業をして、結果がどうだったから「問題なし」と判断したのか、報告・チーム内に共有させるようにしましょう。例を挙げると、「ユーザからの申告がないため問題なしと判断した」、「システムログにエラーがなかったことを確認したうえで、再度ユーザ担当XX氏に業務画面を確認してもらい、正常に動作しているとの回答があったので問題なしと判断した」というように報告してもらいます。

☑ 報告者からの報告を受ける
☑ 実際に行った作業とその結果など、事実を確認する
☑ 報告者がそう判断した根拠を確認する
☑ これらの情報をチーム内で共有する

　これだけで、インシデントコマンダーや障害対応チームメンバーが誤りや漏れに気付く可能性が増え、影響調査漏れ・復旧対応漏れ・作業のポテンヒットといった問題を減らすことができます。

### ●Point 作業を指示するだけでなく作業結果を必ず受け取る

　作業指示はしたものの、その結果を受け取っていないといったケースがよくあります。作業担当への指示が通っていなかった、指示は通っていたが他

の作業に忙殺され作業ができなかったなど理由はさまざまですが、作業結果を受け取っていないと作業漏れ・ポテンヒットが起こります。

　平時であれば、タスク管理表・進捗表といったもので管理できますが、システム障害対応の緊急時にはそういった管理は難しいでしょう。そのため、障害状況ボード（→**3.2.7**、**5.4**）で「誰に何を指示したのか」を共有するのが有効です。

▌作業の指示状況を共有する

　また、作業結果報告がなかなか上がってこないケースでは、催促するような行為に対して躊躇することがあるかもしれません。頻繁な作業報告は、作業担当の手を止めることになるためです。

　そのような場合には、「30分後にいったん状況を報告するようにしてください」と指示しておくのが良いでしょう。

## ●Point システム復旧が最善の道とは限らない

　障害対応の目的を思い出してください（→**2.2**）。障害対応の目的はシステムを直すことではなく、ユーザ影響の極小化です。

　ユーザからすれば、障害の原因となったシステム内部データベースの復旧よりも、先に「Sorry画面」を表示して代替手段を提供することを優先すべきかもしれません。また、復旧手段もシステム的なものとは限らず、たとえば

ユーザによる再登録などで対処することもあります（→**4.4.1**）。

このようなシステム以外の状況や意思は、作業担当からは見えづらいものですし、システムを真っ先に直そうとするのはエンジニアの性（さが）とも言えます。

インシデントコマンダーは、作業担当だけでなくユーザ担当やCIOなどの複数のステークホルダーと協議（→**3.4.2**、**3.5.2**）することで復旧要件を確認し、いつ、どのように復旧させるのか復旧方針（仕様）を合意・決定することが必要です。

## 3.2.3 ◆ 障害対応要員や関連チームの招集・組成・維持（体制構築）

インシデントコマンダーは、障害対応に必要なメンバーを集めて障害対応チームを組織し、対応にあたります。単一のシステムやサービスの小規模な障害であれば、平時の保守体制がそのまま障害対応チームになることがほとんどです。インシデントコマンダーと作業担当の2人という最小構成でも対応可能でしょう。

大規模なシステム障害になり、複数のシステムやサービスに影響が及ぶと、障害対応要員を調達し、関連チームを招集する必要があります。たとえば、ビジネスロジックアプリ担当、インフラ担当といったように、普段は別々のチームに所属しているメンバーを招集し、障害対応チームを組成します。

障害対応に強い体制を構築するためには、次に挙げるポイントに留意する必要があります。

### ▶Point インシデントコマンダーと作業担当は別々の人間が担当する

電話をしながら車を運転するのが危険なように、2つの役割を同じ人が担当すると、作業ミスによる二次被害・連絡漏れなどの可能性が高まるためです。作業担当が鳴り止まない電話に追われ、作業自体が遅延してしまうこともあります。

別の人間が確認することで、思い込みなどによる先走りや調査漏れを防止する効果もあります。

### ▶Point 情報と命令指揮はインシデントコマンダーに一元化する

　インシデントコマンダーを飛び越えて、顧客もしくは組織上の上司から作業担当への指示が行われるケースがあります。これは混乱のもととなるので極力避けるべきです。そのような指示が来た場合は、インシデントコマンダー、もしくは権限委譲された窓口担当を経由してもらう必要があります。

　そうは言っても、やはり起こり得てしまうのが現実の世界です。特に、緊急性を帯びたユーザや顧客からの連絡に対して、「インシデントコマンダーのXXさんを通してください」とは言いづらいものです。

　そこで、直接指示を受けてしまった作業担当はインシデントコマンダーにエスカレーションする、といったルールを作っておきましょう。

**▌情報と命令指揮の一元化のためのルールを定める**

すぐに影響範囲を調査して、
私まで報告するように！

上司、役員など

取り急ぎデータを復旧して
もらえないでしょうか

エンドユーザ

インシデントコマンダーに
エスカレーションし、指示を待つ

作業担当

インシデント
コマンダー

内容を検討し、
作業担当に指示・承認を行う

### ▶Point インシデントコマンダー担当を固定化させない

　組織上の上長（リソースマネージャーなど）が、常にインシデントコマンダーを担っているケースが多くあります。インシデントコマンダーを組織上の上長に固定化すると、多くのデメリットがあります。

- ☑ 組織上の上長は外出しているケースが多い
- ☑ 担当を固定化することで、部下の成長が止まる

☑ 組織上の上長が能力を持っているとは限らない

　リソースマネージャーは、組織の予算管理と人員管理が重要な役割であり、そのための能力を持った人が担っています。リソースマネージャーが、イレギュラーで未知の予測不可能な障害対応の管理能力を持っていないことも十分に考えられます(持っている場合もあります)。

　インシデントコマンダーは、組織上の上下関係によらず誰でもなって良いものです。臨機応変に対応できる組織の柔軟性や教育的観点からも、ぜひそうすべきです。育成方法については9章で解説しています。

### ●Point● インシデントコマンダーの役割を状況に合わせて分離・委譲する

　3.1でも少し触れた通り、インシデントコマンダーの役割は障害の規模によって分離、移譲し、複数人で担うことがあります。

▌障害規模が大きくなるとインシデントコマンダーを1人で担うのは厳しい

　たとえば、1つのITサービスに対して複数のユーザ担当がいるようなケースでは、窓口役を複数人に分離したほうが良いでしょう。また、人員が揃ってくれば、障害状況ボードや記録役を分担するなどもしたほうが良いでしょう。

**▎顧客がたくさんいる場合に窓口を分離する例**

　この際、旗振りを行うプライマリのインシデントコマンダーは1人とするのが推奨です。こうすることで、指揮命令系統を一本化することができます。大規模障害の場合、窓口役と障害状況ボード・記録役は専任の人間を立てることを推奨します。

**▎障害状況ボード・記録の役割を委譲し専任者を立てる例**

役割を分離する際は、明確にその役割を宣言・指示する必要があります。役割は障害状況ボード（→**5.4**）やWar Roomの腕章（→**6.4**）などで明確化しておくと間違いがないでしょう。逆に、宣言されていない場合は、すべてインシデントコマンダーの役割と考えて行動することが大切です。これは、ポテンヒットを防ぐうえで重要なポイントです。

## ▶Point インシデントコマンダーの配下の数を10人以上にしない

ICS：インシデントコマンドシステム（→**2.2.4**）では、1人の管理者における管理限界数を定義しており、直下の人数を5±2人としています。6章で紹介するコミュニケーションツールやCOP（→**6.1.3、6.3**）などツールの発展によってもっと多い人数を管理できる可能性はありますが、10人以上にはしないようにしましょう。

大規模障害によって関連チームが増えた場合には、取りまとめを設置し、その下にサブチームを組成しましょう。

## ▶Point タスク指示だけでなく役割を与えることで効率的にチームを動かす

招集したメンバーに対して役割を与えず、都度タスク指示をすることも可能ですが、役割を決めるほうが効率的です。各作業担当が、与えられた役割の範囲で必要なタスクを洗い出し、自律的に活動することができるからです。

▌タスクではなく役割を与える

インシデントコマンダー

「アプリ側を
担当してください」

「インフラ側を
担当してください」

作業担当A　　　　　作業担当B

タスクの指示をするのではなく、
個々の作業担当の役割を決める

・作業担当自身が、与えられた役割の
　範囲でタスクを洗い出す
・自律的な活動が行われるようになる

役割分担は、ホワイトボード・記録担当、影響調査担当、復旧対応といったタスクのカテゴリ別の分け方があります。他にも、システム別・ユーザ別といったシステムコンポーネント別の分け方があります。

この役割決めは、細かいタスク指示がなくとも自立的な活動を可能とする反面、ポテンヒットを生み出す原因にもなります。作業担当の数が多くなった場合には、各チームに取りまとめ担当を配置し、対応漏れなどがないか管理を担ってもらいましょう。

### ▶Point 状況に合わせて並列的に指示をするか直列的に指示をするかを検討する

作業担当AとBがいる場合、2人に対して手分けして作業をさせる指示ができます。前述の例では、アプリとインフラそれぞれの作業を分担して行っています。これは**並列的な指示**であり、広範囲の作業を行うことに向いていますが、各作業担当が自律的な対応能力を持っていることが前提です。

一方で、2人に同じ範囲を担当させる(例:アプリを調査)ということもできます。これは**直列的な指示**であり、特定範囲の作業進捗を引き上げられます。また、担当Aのサポートとして担当Bをつけることもこれにあたります。

並列的な指示か、直列的な指示かは、作業担当のスキルセットや取りかかるタスクの難易度・ボリューム・優先順位といった状況に応じて使い分ける必要があります。

### ▶Point 機械的な判断で体制を構築する

よく聞く話として、特に深夜帯などは遠慮してしまって必要な人を巻き込めない、といったものがあります。人を巻き込むという行動は精神的な負荷が高いため、巻き込みについてルール化しておくことを推奨します。

たとえば、最低2名で実施する、障害レベル2以上の場合はリーダー職以上の人間を必ず追加する、といったものです。人による判断ポイントを減らすことができるので、迅速な体制構築にもつながります。

ここまでに解説してきたポイントを踏まえた、大規模な障害対応のフォーメーション例を次の図に示します。

**┃大規模な障害対応のフォーメーションの例**

　このフォーメーションでは、インシデントコマンダーの役割を窓口・障害状況ボード担当に分離しています。また、作業担当がシステムコンポーネントごとのサブチームに分かれています。各チーム内に取りまとめ役を配置し、インシデントコマンダーとのコミュニケーションを取ります。

　さらにインフラチームでは、影響調査と復旧対応のタスクベースで役割を分けています。

# 3.2.4 ◆ 顧客・関連チームとのコミュニケーション（窓口）

障害対応チームを代表し、顧客や関連チームといった関係者とコミュニケーションを取る窓口となります。明確に窓口役を宣言することで、作業担当への直接指示などを防ぎ、作業に集中させられます。

また、関係者にとっては、常に最新の状況が窓口に集まっているのがわかるので、無用な問い合わせを減らすことにつながり、情報の錯綜を防げます。

情報の錯綜を防ぎ、コミュニケーションのコントロールをするうえでは、次に挙げるポイントに留意する必要があります。

### ◗Point◖ 定時報告によって関係者の認識の同期をとる

障害対応は、緊急時のリアルタイム同期的コミュニケーションを必要とする活動です。そのため、1時間おきなど定時確認会を設けて現状確認を実施します。

特にリモートワークの場合、通常時はチャットツールなどを活用した非同期コミュニケーションが多い働き方になります。障害対応のような非常時には、同期をとる行為が重要です。

### ◗Point◖ 状況更新のタイミングと定点でブロードキャスト型の報告を行う

定時報告に加えて、状況が更新（原因の判明、復旧の完了など）されるたびに、ブロードキャスト型で発報することを推奨します。これにより、すべての関係者に一定レベルの同じ情報を共有することができ、情報の錯綜・連絡漏れといった問題を防げます。

逆に、各関係者から障害対応チームに情報を問い合わせるやり方だけだと、窓口のコミュニケーション負荷を上げるだけでなく、関係者間で情報の差が生まれるため、情報が錯綜する要因となります。

**▌ブロードキャスト型の報告を行う**

状況が更新されたタイミング

影響範囲の調査
が完了しました

関係者　　　　　インシデント　　　　作業担当
　　　　　　　　コマンダー

定時報告

毎時0分と30分など

関係者　　　　　インシデント
　　　　　　　　コマンダー

**◯Point 関連チームから障害の連絡を受けた場合は、**
　　　　**障害内容に加え連絡状況を確認する**

　あなたの組織が顧客と複数の接点を持っている場合、すでに誰かが障害状況を伝えている可能性があります。特に初報の場合は情報に誤りがあるケースも多く、まず訂正する必要があります。そうすることで、デマの拡散を減らせます。

　また、情報の継続性をもってコミュニケーションを取ることが、顧客満足度向上にもつながります。

## 3.2.5 ◆ 障害の発生と終息の宣言

　システム障害の発生とともに、インシデントコマンダーとなったことを宣言（もしくは任命）します。また、障害対応を完了した際は終息を宣言し、障害対応チームを解散します。障害管理のステータスをオープンし、クローズに遷移させる役割です。

障害のステータスを管理するうえでは、次に挙げるポイントに留意する必要があります。

### ▶Point 終息の宣言を忘れずに行う

　システム障害対応時には、終息の宣言を忘れることが多いので注意してください。

　システムが復旧したことで満足し、メイン拠点の障害対応チームを解散したものの、遠隔地にいる作業担当はそれを知らずに待機したままだったことがありました。また、顧客が対応チームの解散について知らなかった場合、「システム障害の最中に勝手に帰った！」といったお叱りを受けることにもなります。

**▌終息宣言を行わないとトラブルにつながる**

　終息宣言の際には、「復旧対応を完了し、すべてのサービスが正常に動作していることを確認しました。システム課XX様に、hh:mmご報告済みです。これより、緊急時の体制を解除して通常体制に戻ります。本件に関するお問い合わせはYYにお願いします」といったアナウンスを行います。

## 3.2.6 ◆ 要員のシフト・食事・宿泊（兵站）

　障害対応が長丁場に及ぶ場合、作業担当そしてインシデントコマンダー自身にも体力の限界が訪れます。また、食事に行くタイミングもなく、寝る場

所もないとなると、最悪の場合過労死を招きます。システム障害の調査をする中で長丁場（1日の日中を超過すること）が予想された時点で、要員のシフトについて考え始める必要があります。

シフトの組み方の一例ですが、まず1日を12時間ごと（昼間帯と夜間帯）に分離し、そこにチームを2分割して要員を配置します。各時間帯にキーマンとなる人員（ベテランの作業担当など）を分散配置します。

**｜シフトの組み方の例（チームを2分割しキーマンをそれぞれ配置）**

各時間帯にキーマンを配置するほど人員がいないといった場合には、オンコール体制を利用します。たとえば昼間帯にはキーマンに現場にいてもらうが、夜間帯は近くに宿泊してもらい、それ以外のメンバーで対応ができなくなった場合だけ駆けつけてもらう（対応が終わったらまた戻って寝てもらいます）などです。作業タイミングと組み合わせた具体的なシフト表の例を5章に記載していますので、参考にしてください（→**5.5.2**）。

**シフトの組み方の例（オンコール体制の利用）**

作業担当　　　　　　　ベテラン作業担当
・障害対応経験が豊富な人材

昼間帯担当チーム　　　　夜間帯担当チーム

　食事や宿泊の手配に関しては、障害対応とは切り離して対応が可能な活動が多いため、組織上の上長などに調整を依頼することを推奨します。

---

**Column　食事は何を用意すれば良いか**

　食事については、現場ではおにぎりかサンドイッチが差し入れされているケースをよく見ます。

　このあたりは好みの世界ですが、栄養ドリンクはカフェインが含まれているので、寝られるときに寝たほうが良いといったハードな事態では口にしないほうが良いでしょう。部屋が狭い場合は空気がこもるため、カレーなどの匂いが強いものは避けるべきでしょうし、ピザやスナックなどは端末がベトつくのでやめてほしいです。また、あたりまえですがナマモノは傷みますので避けるべきですし、ゴミの処理が大変なので汁物は避けたほうが良いでしょう。

　こうなってくると、おにぎりかサンドイッチに偏る理由がわかりますね。

要員の体調面の離脱を防ぎ、緊急時の体制を維持するうえでは、次に挙げるポイントに留意する必要があります。

#### ●Point 作業担当から体力の限界を申告されなくても休ませる

　障害対応は何よりも優先度の高いミッションです。作業担当はそのプレッシャーの中で、眠い・もう無理といった弱音を吐かないことも多いです。また、障害対応の緊急性から一種の興奮状態に陥り、疲れを感じないといったこともあります。

　「まだいけるか？」「いけます！ 大丈夫です！」よくある胸が熱くなる展開なのですが、これに甘えて限界まで働かせてはいけません。貴重な人員を失うだけでなく、作業品質にも影響を及ぼし、さらなる二次被害を招くこととなります。

　作業担当の申告に基づく体調管理だけではなく、1日の勤務時間に機械的に上限を設ける必要があります。近年はリモートワークで障害対応を行うケースも増えてきました。リモートワークは、柔軟な勤務が可能となる反面、切れ目なく長時間労働を行ってしまうリスクがあります。直接様子を見られないため、作業担当の申告をあてにせず、前述のとおり機械的な上限・シフト制を設けることを推奨します。

## 3.2.7 ◆ 情報の整理・記録と更新（障害状況ボード）

　障害状況ボードを使って、障害対応の情報を整理し、最新状況を更新し共有します。また、対応の記録を行います。この記録はあとで障害報告書に使用したり、二次被害が起きたときに原因をすぐに突き止めたりするためにも使います。

　障害対応チームが現地に集合できている現場では、ホワイトボードを使用することが多いのではないでしょうか。遠隔チームやオンコール体制では、インシデント管理ツール、Slackなどのチャットツール、MiroなどのWebホワイトボードツールがその役割を果たしていることが多いです。

　この障害状況ボードには、以下のようなものを含みます。

- ☑ タイトル
- ☑ 障害事象
- ☑ 発生日時
- ☑ 復旧日時
- ☑ 業務影響、影響範囲
- ☑ 直接原因
- ☑ 復旧対応
- ☑ 体制と連絡先
- ☑ 連絡状況
- ☑ 経緯（タイムライン）

　記載のポイントとして、途中参加した人も含めて関係者が状況を正しく理解できるかを意識することが重要です。

　障害対応プロセスの進捗に合わせて情報をアップデートしていきます。それぞれの項目で意識すべきポイントがありますので、対応プロセスを解説したあとに記載する際のチェックポイントを説明します（→**5.4**）。9章でも触れていますが、実際に作成した障害状況ボードは、障害対応人材の育成に有益な参考事例となります。そのため、障害状況ボードの内容は保存しておき、その後の教育で活用することを推奨します。

## 3.2.8 ◆ 外部向けのオフィシャルな障害報告書（レポーティング）

　顧客やステークホルダー向けの障害報告書を記載し、障害対応の報告を行います。障害報告書は事後対応（→**4.5.2**）に位置する活動です。そのため、厳密にはインシデントコマンダーの実施範囲ではありませんが、実際には、

- ☑ 障害対応に関する報告（初回報告）：
  インシデントコマンダーが内容をとりまとめ
- ☑ 障害分析や再発防止策に関する報告（最終報告）：
  事後対応の担当者が実施

といった分担で実施することも多いため、本セクションで解説します。

　障害報告書には以下のような内容が含まれます。


☑ タイトル

☑ 障害概要

　　謝罪、報告に至った経緯、事象 (簡単に記載)

☑ 対応の経緯

　　時系列で障害の発生から復旧、現在に至るまでの状況

☑ 障害発生日時

　　障害が発生した日・時・分〜復旧した時間

☑ 障害内容

　　システム障害内容 (サービスが停止、正しく画面に表示されなかったなど)

☑ 業務影響

　　障害によって影響を受けた業務 (正確に記載)

☑ 直接原因

　　システム障害を引き起こした直接的な原因 (ハードウェア障害によるサー
バダウン、具体的なプログラムロジックの不備の内容など)

☑ 復旧対応内容

　　暫定的な対応を行っている場合は内容を記載 (待機系サーバへの切り替え
を行った、誤って更新したデータベースの値をSE作業で直接修正したなど)

☑ 類似調査結果 (※)

　　直接原因を受け、その他に類似の問題が発生していないか (たとえば開発
者が税率10%を8%だと勘違いしていたら、おそらくすべての税率計算のコー
ドが間違っているはずです)

☑ 本格対策 (※)

　　恒久的な対策 (修正プログラムをリリースするなど)

☑ 根本原因 (※)

　　障害を発生させた原因 (連結テストケースに漏れがあったなど)

☑ 再発防止策 (※)

　　直接原因・根本原因に対して、もう二度と起こさないための対策

上記に挙げた項目のうち※が付いたものについては、初回の障害報告時点では完了していないことも多いです。そのような場合も項目だけは記載し、実施予定を報告します。これらの活動を行う意思があると示すだけでも、顧客に安心してもらえる場合があります。

　顧客からの信頼回復のためには、次に挙げるポイントに留意する必要があります。

### ●Point 顧客側の視点で障害内容を記載すること

　障害状況ボードと障害報告書は、障害内容を正確・簡潔に伝えるという点では同じです。また、障害対応時の障害状況ボードをベースに、障害報告書を作成することが多いので、工程上のつながりもあります。

　しかし、目的が異なるので、これを理解せずに不適切な報告を行うと顧客から思わぬお叱りを受けるだけでなく、最悪の場合、全体を間違った方向に導くことになります。

**┃障害状況ボードと障害報告書の役割の違い**

| | 障害状況ボード | 顧客向けの障害報告書 |
|---|---|---|
| 目的 | サービス提供者の障害対応 | 顧客内での障害管理 |
| 重視 | 早期復旧・改修 | 影響把握・再発防止策 |
| 同じ | 5W1Hで正確、わかりやすい表現 | |
| 違い | 頻度：リアルタイム更新か？　経緯として報告するか？<br>表現：敬語、謝罪、社内用語の有無、主体性、個人重視か組織重視か<br>範囲：顧客内でのクローズを意識した内容に絞る | |

　障害状況ボードは、ITサービス提供者側の障害対応を目的として使います。障害報告書は、顧客内での障害管理のインプットとなります。ITサービス提供者側にいると意識しないかもしれませんが、顧客内でも障害は管理され、報告され、承認されています。このような目的ですから、報告書として重視すべきポイントも変わってきます。

　ITサービス提供者側は、システムを復旧させることに注力したいので、障

害状況ボードは、復旧対応を重視して記載されます。具体的な復旧手順や、確認方法などです。

　一方で、障害報告書は顧客がユーザ部門やCIOなどの上長に向けた報告のインプットとなります。そのため重視する項目は、業務影響調査結果です。どのユーザに、いつ、何のITサービスが不具合をきたし、どのような業務影響があったのかが必要となります。また、今後も起きる可能性があるのか否か、根本的な原因・問題への対策ができているかどうかを重視されることも多いです。

　顧客の求める情報を伝えることが、信頼回復の第一歩となります。

### Column　大規模障害時におけるインシデントコマンダーのスイッチ

　複数箇所で障害が発生したとき、初動では影響も原因もわかっておらず、それぞれの箇所で障害対応チームが立ち上がることがあります。調査が進み、複数の障害事象の依存関係、障害影響、原因箇所などが明らかになるにつれて、適切な人にインシデントコマンダーをスイッチし、複数のチームをとりまとめます（必ずしも同じ人が続ける必要はありません）。スイッチの考え方やルールは事前に決めておくことを推奨します。システムやビジネスの特性、組織の役割分担によって変わるため、一概には言えませんが、たとえば「障害原因プロダクトのチームが担う」「業務影響を把握可能、かつ顧客に対して説明責任を負うアプリチームが担う」といったものが考えられます。

## このセクションの　まとめ

　このセクションでは障害対応の中心人物「インシデントコマンダー」について解説しました。インシデントコマンダーには多くの役割があります。逆に言えば、これらの役割を作業担当から切り離し、対応に専念

させられるのが、インシデントコマンダーが存在する価値の1つです。

☑ 障害対応方針を決め全体を導き、管理をする

☑ プロジェクトマネージャーと似ているが、その行動は緊急性があり、未知の領域で、ミスをすると影響が大きい

☑ [旗振り]報告に対して、見解だけでなく根拠や事実を確認する

☑ [旗振り]作業を指示したあとに必ず結果を確認する

☑ [旗振り]システム復旧に固執せず、ユーザにとって最適な対応を目指す

☑ [体制構築]インシデントコマンダーと作業担当を同じ人がやってはいけない

☑ [体制構築]指揮命令系統は一本化する

☑ [体制構築]組織の上下関係とは切り離して考える

☑ [体制構築]インシデントコマンダーの役割は規模に応じて分離し、複数人で担う

☑ [体制構築]機械的な判断で人を巻き込めるようにしておく

☑ [窓口]定時確認会で関係者間の現状認識の同期をとる

☑ [窓口]状況を更新するたびにブロードキャストで発報する

☑ [窓口]関連チームから情報を受け取った場合、その内容だけでなくその情報がどこまでどのように伝わっているかも確認する

☑ [発生と終息の宣言]終息の宣言を忘れずに行い、中途半端に体制を残したり、勝手に解散したりしない

☑ [兵站]長丁場が予想されたらシフト、食事、宿泊の手配を検討する

☑ [情報の整理・更新・記録・共有]障害状況ボードを使って、途中参加した人も含めて関係者が状況を正しく理解できるかを意識する

☑ [外部向けのレポーティング]顧客が顧客組織内で障害を管理するためのインプットとなる。障害情報を5W1Hでわかりやすく伝える必要があり、顧客が重視する情報を伝えることが信頼回復の第一歩

# 3.3 ◆ 作業担当

このセクションでは、障害を解決するために実際に手を動かして対応を行う、作業担当について説明をします。作業担当は、担当領域について専門性を持ち障害の対応にあたります。作業担当はインシデントコマンダーの指揮下に入ります。

## 3.3.1 ◆ 調査作業

作業担当は調査作業を行います。ここで取り上げる調査作業には、障害影響範囲の調査、原因調査、復旧方法の調査、復旧状況の調査、類似調査などがあります。

▌調査作業に主に含まれる内容

| 調査名 | 内容 |
|---|---|
| 障害影響調査 | システム障害によって影響を受けている業務、ユーザなどを特定する作業 |
| 原因調査 | システム障害を引き起こしている部位を特定する作業 |
| 復旧方法の調査 | 復旧手段の検討、実績、準備時間について確認する作業 |
| 類似調査 | 特定の不具合が見つかった場合、同様の問題が他にもないか確認する作業 |

システム障害対応のプロセスごとにどのような内容を調査すべきなのか、どのようなことに気を付けるべきなのかは4章で説明しています。

このように調査といってもさまざまなものがあるのですが、明確に作業を指示されないことも多いのが実情です。「調査しておいて！」と言われたら、これらの作業が含まれていると考え、障害対応のプロセスに合わせて必要な調査を行いましょう。

## 3.3.2 ◆ 復旧対応作業

システムの環境変更を伴う復旧作業を行います。復旧のためのコマンドを入力する、修正したモジュールをデプロイする、そのための緊急手順書の作成（→11.2）やコードレビューを行うといった作業も含みます。

端末を操作するといった行為自体は調査作業（→3.3.1）と同じなのですが、大きな違いはシステムの環境変更を伴うことです。調査作業は何回実行しても影響は起きないことがほとんどですが、環境変更を伴う復旧作業は不可逆的となる場合が多いです。

そのため、実施前に報告し、承認を求めることを推奨します。

## 3.3.3 ◆ インシデントコマンダーへの報告

作業担当は、インシデントコマンダーへの状況報告を行います。主にシステムの状況と、作業の進捗状況の2つを報告します。そして、指示や承認を求めます。

システム障害対応時の体制では、インシデントコマンダーを中心に障害対応の方針が決まり、すべての情報が一元化されています。インシデントコマンダーとのコミュニケーションは、自分の作業について全体との整合性を取るうえで最も有効な手段です。

▌すべての情報はインシデントコマンダーを中心に一元化されている

状況は刻一刻と変わっていくため、必ずインシデントコマンダーに状況を報告し指示を仰ぐ

すべての情報はインシデントコマンダーのもとに集約され、そこで決められた方針に基づき作業を行う

障害対応の最中には、システムとユーザの状況は頻繁に変わります。30分前の状況に基づいて作業を続けていたものの、すでに前提となる環境が変わっていたということも多くあります。

　私が作業担当を担った際の経験ですが、システム障害の連絡を受けて（良かれと思って）報告せずに迅速に復旧させたことがありました。ところが、全体方針として別の復旧手段を検討中の状況だったため、作業の不整合によってあやうく二次被害を起こすところでした。

　指示された作業の完了前後、そして想定外の状況になった場合は必ず報告をします。障害対応を成功に導くため、次に挙げるポイントに留意する必要があります。

### ●Point 担当領域の専門家であるがチームの一員として行動する

　単なる作業指示・タスクとして受領するのではなく、全体の対応状況や方向性を確認しましょう。こうすることで、インシデントコマンダーも気付いていない指示漏れや矛盾に気付くことができます。

　担当領域の専門家として全体を成功に導くポイントは、担当範囲に詳しいだけでなく、担当範囲と全体との整合性を取ることです。

## このセクションの まとめ

　このセクションでは、障害対応チームで実際に手を動かす作業担当について説明しました。

- ☑ 調査、復旧対応、インシデントコマンダーへの報告などの活動を行う
- ☑ 担当領域の専門家として、システム内部に（相対的に）詳しいだけでなく、全体との整合性を取る

# 3.4 ◆ ユーザ担当

　ユーザ部門とシステム部門（障害対応チーム）の間に立ち、翻訳や調整を行うユーザ担当について解説します。この役割は、ITサービスの提供（利用）形態によって担っている人が変わります。SI契約の発注元担当者、営業担当、ユーザ向けヘルプデスク、サービスオーナーが担っていることもあります。ユーザ担当は、システム障害時のユーザ向け発信を主導、もしくはサポートする役割を担います。ユーザ部門が発信を行う場合は、ユーザ担当が翻訳（下記を参照）などを通じて実施をサポートします。ユーザ向けの情報発信については12章で解説していますので、そちらも参考にしてください。

## 3.4.1 ◆ 業務用語とシステム用語の翻訳

　システム側の担当者が業務用語に疎く、ユーザ部門の担当者が技術用語に疎いといった場合があります。このようなときは、ユーザ担当が翻訳を行う必要があります。

　特に、システム側から業務影響調査結果を受領した場合、ユーザ部門に伝わらない用語があれば翻訳を行います。たとえばサーバ名などのシステムコンポーネント単位ではユーザ部門には伝わらないため、影響を受けた業務で会話をする必要があります（最低でも画面名や影響ユーザの情報で会話をすること）。

## 3.4.2 ◆ ユーザ部門とシステム部門の調整

　あるときはシステム側の、あるときはユーザ部門の代表として調整を行います。特に復旧対応のシーンにおいては、システム的な回避策と業務的な回避策の両面から対策を検討する必要があり、両方の対策がどこまで対応可能なのかを調整する役割を担います。

また、システム担当は復旧させるべき業務の優先度を知らないことも多いため、ユーザ部門に確認を行います。ユーザ担当は、システムとユーザ業務のどちらにもある程度精通している必要があります。

## ┃両者の立場に立って調整を行う

**ユーザ部門・システム部門と連携し、業務対応の検討を主導する**

XX画面停止に伴う
業務対応を検討しましょう！

XX画面の復旧には
2時間ほどかかります。

ユーザ部門　　　ユーザ担当　　　システム部門

まずは、外部からの
問い合わせに答える
必要があるね！

障害アナウンスを
Webに出します！

それなら10分で
可能です！

**ユーザ部門からの要求をシステム部門に伝える**

このセクションの まとめ

　このセクションでは、ユーザ部門とシステム部門の間に立つユーザ担当について説明しました。

☑ ユーザ部門の業務用語とシステム部門の技術用語の翻訳を行い、障害対応のコミュニケーションを円滑にする

☑ ユーザ部門とシステム部門の調整を行い、障害対応方針の意思決定を支援する

# 3.5 ◆ CIO

経営とITの間に立ち、重大障害の局面においては、事業の優先度に基づいた判断を下します。CIOではなくCEO (Chief Executive Officer) のケースもあります。ITだけでなく、広報や法務などの専門他部署との連携も重要な役割です。本書では、障害対応現場にスコープをあてて解説します。

## 3.5.1 ◆ 重大システム障害時における意思決定

**事業継続計画**(BCP:Business Continuity Planning)や**緊急時対応計画**(コンティンジェンシープラン)があれば、それに従った対応を取ります。一般的な事業継続計画は、復旧させる事業の優先度、目標復旧時間、目標復旧レベル[注3]、レピュテーションリスク、売り上げへの影響、影響する得意客、事業の依存関係などの情報をもとに作成されています。

IT技術に対する深い知識よりも、復旧させる事業の優先順位を決断できることが重要です。提示される対策によって、何が救えて何を諦める必要があるのか？　その対策(対策が失敗したときを含む)に伴うリスクは何か？などを確認します。

あなたがCIOの場合(これからなる方も含めて)、以下のようなポイントに留意してください。

> **)Point 怒りに任せて罵倒したりペナルティを口にしたりしない**

CIOが怒りやペナルティを口にすると、現場は萎縮し、進言が行われなくなります。こうした状況下でリスクについて進言したとしても、「それを何とか考えるのがお前らの仕事だろう！」などと返ってくると思われてしまう

---

注3) 目標復旧時間 (RTO:Recovery Time Objective) は、業務を復旧させるまでの目標時間 (許容される停止時間) です。目標復旧レベル (RLO:Recovery Level Objective) は、業務をどのレベルまで復旧・継続させるかの指標になります。また、目標復旧ポイント (RPO:Recovery Point Objective) を設け、事故前のどの時点までデータを復旧できるようにするか規定するケースもあります。

ためです。その結果、都合の悪い情報は報告されず、リスクをさらに高めることになります。

　また、保身に走る人間も多くなり、障害に対する現場の姿勢は後ろ向きなものとなります。最低でも対策が終わるまでは、感情的な関与は控えるべきです。

### ●Point 要求を出すだけではなく要求を聞く

　CIOが「〇日後にキャンペーンがあるから、それまでに直せ！」といった単なる要求だけを行うケースも、無謀な対策に走りがちになります。

　一方的な要求をするのではなく、何ができて何ができないのか傾聴する姿勢が必要になります。むしろ、システム障害対応を円滑に行うために経営層は何をすれば良いのか、現場の要求を聞く姿勢が大切です。

### ●Point 決断を行う

　決断の遅れは対策の遅れに直結します。不明瞭な対策方針によって現場は混乱し、二次被害を拡大させます。経営がITを自分事だと捉えていない組織は、IT部門も経営を自分事だと捉えていないことが多く、モチベーションが低く無責任な現場を生み出します。

## 3.5.2 ◆ インシデントコマンダーとして CIOとシステム障害対応を行う

　前述したとおり、CIOは復旧させる事業の優先順位を決断する必要があるので、技術的な話よりも、事業とITサービスの依存関係を意識した報告を行う必要があります。そのため、ユーザ担当などの事業・業務に精通した人にも同席してもらいましょう。情報共有や翻訳といった目的もありますが、対策には、ITだけでなく業務的な対策も含まれるためです。インシデントコマンダーは、現在の状況（→3.2.7、3.2.8）、選択可能な対応、何が救えて何が救えないか、その対応によるリスクは何かなどを簡潔に報告し、CIOの決断を支援します。重大障害局面において、私の出会った優秀なCIOは、自分

の責任において即決即断をし、正常性バイアス[注4]にとらわれることなく、情報の誤りや対策の失敗を念頭に置いて二の矢三の矢を先回りして考えていました。各業務がどれだけ止まると売り上げに影響がどれだけ出るのか、そしてどこまで許容できるのか、などが頭に入っているので、こうした判断が瞬時にできるのだと思います。

こういった方と障害対応を行えるのは相当に幸運な状況です。

### ▍重大システム障害時におけるCIOの取り組み［良い例］

案1：完全復旧には11時頃までかかります。午前中の売買業務を停止します。
案2：人手で売買業務を行います。ただし、量が多く、誤りが起きる可能性が高いです。

（午前中の業務停止であれば、許容可能……
今の現場にイレギュラーな業務をする余裕はないはず……）
案1で午後から業務再開としましょう！

インシデント コマンダー　ユーザ担当　　　　　　　CIO　　　BCPマニュアル

真摯な報告

技術的・業務的な
対策の選択肢
「対策によって何が救えるか」
「対策に伴うリスクは何か」

判断する意思・傾聴する姿勢・
当事者意識
「何を守り、何を諦めるか、
私が決めます」

不幸にもアンチパターンのCIO（→**3.5.1**）と障害対応を行う場合、かなり厳しい状況が予想されます。そのとき、インシデントコマンダーはどうするべきでしょうか？

専任の説明要員を張り付けることで現場への介入を極力減らす、キーマンを探し出して代わりにハンドリングしてもらう、判断基準となる正式なドキュメントを示してCIO自身の判断を回避するなど、いくつかの手段があります。

未曾有の危機において冷静さを保てる人のほうが稀であり、不安と不信に

---

注4）大丈夫だと思い込み、都合の悪い情報を無視したり、危険性を過小評価したりしてしまう心理学用語。大きなシステム障害を経験していない組織だと、この傾向は強くなります。

よって現場にきつく当たってしまったり、無理難題を要求したりすることがあります。こういったケースでは、根底にある不安と不信をひとつひとつ解きほぐしながら対応にあたります。最も重要なのは、どんな状況でも最後まで真摯さを失わずに対応することです。

**┃重大障害時におけるCIOの取り組み［悪い例］**

---

## このセクションの **ま と め**

　このセクションでは、重大障害において事業優先度に基づいて意思決定を行うCIOについて解説しました。

- ☑ 判断基準や対応が事業継続計画（BCP）に規定されていることもある
- ☑ 深い技術知識よりも、事業の取捨選択が迫られたときの決断力を持つ
- ☑ 冷静に現場と接し、要求を出すだけではなく、要求を聞く
- ☑ さまざまなタイプのCIOがいるが、CIOがどんなタイプでもインシデントコマンダーは最後まで真摯さを失わずに対応を行う

# 第4章

# 各プロセスの基本動作〜発生から終息まで

　3章では、システム障害対応における登場人物について解説を行いました。続く本章では、システム障害対応のプロセスについて解説します。各プロセスは、おおむね以下のような流れで進みます。説明のしやすさから便宜上このように表現しています。

☑ イベントの確認
☑ 検知・事象の確認
☑ 業務影響調査／原因調査
☑ 復旧対応
☑ 本格 (恒久) 対策
☑ 障害分析・再発防止策

　実際には、システム障害の状況に応じて同時並行で作業を進めることが多くあります。たとえば、原因特定が完了していなくとも、対策の準備にとりかかることはよくあります。本書における説明の順序と、実際のシステム障害対応プロセスの順序は異なることがあるので留意してください。

# 4.1 ◆ 検知・事象の確認

このセクションでは、下図のシステム障害対応プロセスにおける「検知・事象の確認」について解説します。

| イベントの確認 | 検知・事象の確認 | 業務影響調査 原因調査 | 復旧対応 | 本格（恒久）対策 | 障害分析・再発防止策 |
|---|---|---|---|---|---|

| プロセス名 | 検知・事象の確認 |
|---|---|
| 目的 | 迅速な障害対応の開始 |
| 主なタスク | ・障害の検知／事象確認<br>・暫定的な障害レベルに基づく初報連絡<br>・体制の構築 |
| インプット | ・システムエラーやユーザからの申告など、1つ以上のイベント。障害が起きている場合は、複数のイベントが起きていることがほとんど |
| アウトプット | ・関係者への初報<br>　☑ 事象※、発生時刻※、業務影響、原因、対応内容、対応者：インシデントコマンダー※、連絡状況など<br>　☑ ※以外は、その時点で判明しているものがあれば内容を報告する<br>・障害対応チーム<br>・障害状況ボード |
| それぞれの役割 | インシデントコマンダー：体制の構築、障害連絡<br>作業担当：事象の確認、自組織内のエスカレーション<br>ユーザ担当：ユーザが検知した事象の伝達 |

# 4.1.1 ◆ 「検知・事象の確認」プロセスとは

　このプロセスでは、システムが本来の機能を果たせていない可能性を検知し、暫定的な障害レベルに基づき関係者に連絡（初報）し、迅速に障害対応を開始します。

## ◉ 障害の検知／事象確認

　作業担当は、システムエラーやユーザからの申告に基づき、システムが本来の機能を果たせていない可能性があれば、自組織内にエスカレーションし、インシデントコマンダーを決めます。

　作業担当は調査を継続します。確認すべき情報は、主に以下のとおりです。

**｜確認すべき情報**

| 項目 | 具体例 |
|---|---|
| 何が？ | サーバの名称、画面名、帳票名など |
| 異常な状態とは？ | フェイルオーバー、出力の不正、レスポンスの遅延など |
| 発生時刻と現在の状況 | 3月20日21時30分に発生、現在も同じ状況が続いているなど |
| どこからもたらされた情報か？ | ユーザ名、アプリケーションチーム、インフラチーム、オペレーターコールなど |
| すでに試したワークアラウンドなどがあるか？ | オペレーター側でサーバ切り離し手順を実行したが応答しないなど |

## ◉ 暫定的な障害レベルの判定と関係者への初報

　インシデントコマンダーは、暫定的な障害レベルに基づき関係者にシステム障害連絡の初報を行います。**障害レベル**とは、システム障害の緊急性・影響範囲に基づいて決定される重大性の管理指標です。このレベルに合わせて、対応の優先度、連絡すべき関係者の範囲（エスカレーションレベル）が決ま

ります。

　障害レベルの判定基準とエスカレーションレベルを明確化したものが**障害**
**レベル管理表**です（→**5.3**）。重大なシステム障害の場合は、経営層まで報告
することになります。障害レベルは、業務影響調査プロセスによって確定す
るため、この時点ではあくまで暫定的なものであることに注意してください。

　初報はできる限り迅速に行う必要があります。初報によって、システム障
害の発生およびシステム障害対応開始の宣言がされます。

### ◉ 体制の構築

　インシデントコマンダーは、システム障害対応に必要な人員を集め、体制
の構築を行います（→**3.1**、**3.2**）。大きなシステム障害であれば、複数の組
織にまたがった体制が必要になります。

## 4.1.2 ◆ 本プロセスで必要なツール・ドキュメント

　このプロセスで必要なツールやドキュメントを以下にまとめます。初報に
おいて求められる情報、システム本来の仕様がわかる資料などが必要になり
ます。

☑ コミュニケーションツール（メール、チャット、電話）
　システム障害対応チーム内や関係者との連絡・情報共有に使います。

☑ 障害状況ボード
　システム障害対応チーム内や関係者で、システム障害および対応の最新状
況を共有するために使います（→**5.4**）。

☑ 障害レベル管理表
　システム障害の影響度と緊急度から障害レベルを判定し、エスカレーショ
ン先を把握するために使います（→**5.3**）。

☑連絡先管理表（体制図）

　システム障害対応における関係者の体制、連絡先の一覧です。関係者との連絡時に使います（→**5.2**）。

☑障害対応フロー図

　システム障害発生時における、関係者や連絡先など活動の流れがわかるフロー図です（→**5.1**）。人の動き方の再確認に使います。

☑システムモニタリングツール、システム状況ダッシュボード

　システムエラーメッセージやメトリクスの状況などをモニタリングするためのツールと、その情報をサマライズしたシステム状況ダッシュボードです（→**6章**）。システムの障害状況の概要を掴む目的で利用します。

☑システム仕様書、外部／基本設計書（システム本来の仕様がわかるもの）

　システムの本来の仕様や機能を確認するために利用します。

　システム障害の事象確認を行うためには、現在が異常な状態であると確認する必要があります。そのため、システムの現在の状態がわかるもの（モニタリングツール）と、本来の仕様・機能が何かわかるもの（システム仕様書など）の両方が必要になると考えてください。

## 4.1.3 ◆ 対応のポイント

　「検知・事象の確認」プロセスにおける対応のポイントは次のとおりです。

**●Point** 本来の仕様がわかるように表現し、事象をわかりやすく伝える

　関係者に対して、何が起きているのか、何が問題なのか、わかりやすく伝える必要があります。事象については、「本来はXXXであるべきところ、YYYとなっている」といった表現を推奨しています。

　よくあるのが、YYYの部分のみを伝えてしまうケースです。「新商品の登

録時にエラーが出る」と伝えるよりも、「本日から新商品を登録できるはず
だったが、登録時にエラーコード001が表示されて登録できない」といった
表現のほうが良いでしょう。ユーザ側はどうしたいのかがわかりやすいです
し、仕様の認識相違にも気付きやすい（もしかしたら登録エラーとなるのが
正しい仕様なのかもしれません）からです。

　そのためには、システム本来の仕様や機能を確認するためのドキュメント
（サービスカタログやシステム仕様書、外部／基本設計書など）の整備が重
要です（→**4.1.2**）。これがわからないと、障害かどうかの判別がつかず、障
害対応チームへの連絡が遅くなり、連絡がきてからも初動が遅くなります。
そして、システムをどのように復旧させれば良いのかの方針もなかなか決ま
りません。

　こういったドキュメントは、システムを納品したら終わりというものでは
なく、ITサービスとして稼働し続ける限り記述を改善していきましょう。

### ●Point 不明な点があっても良いので、まず一報する

　初報では、詳細さよりも迅速さが求められます。この時点では、システム
障害の原因や業務への影響もわかっていないことが多いのですが、だからと
いって不明な点を調査し続けた結果、関係者への連絡が遅れてしまうのは本
末転倒です。不明な点は不明と明記したうえで報告を行いましょう。こうす
ることで関係者は、調査対応が漏れているのか、それともこれから実施予定
なのかがわかります。

### ●Point 解決したい課題を確認し、効率的に事象を把握する

　これは、あなたが問い合わせをする際、もしくは問い合わせを受ける際に
意識してほしいポイントです。

　たとえば、あなたが関係チームのシステム担当者から「今、メンテナンス
中？」と聞かれたら、どうすれば良いでしょうか。「違います」とだけ答えて
チケットをクローズしますか？　解決したい課題や問い合わせの背景を確認
すると、もう少し状況が掴めてきます。その結果、「○○というサーバに接
続したいのだが、接続エラーになる」という問い合わせであれば、システム

障害対応を開始し、サーバやネットワーク経路の正常性を含め確認を行います。

## 解決したい課題や問い合わせの背景を確認する

### ●Point 曖昧な表現を避けて正確に確認する

　情報の正確性は、調査の品質・スピードを高め、ミスリードを防ぐうえで重要なポイントです。特に初動の段階において、ユーザや顧客とのやりとりで正確に情報を聞き出せるかどうかは、後続プロセスの品質とスピードに影響します。

　ユーザ連絡を受け付ける専用の組織（サービスデスク、ヘルプデスク）がある場合は、トークスクリプトとして基本的なヒアリング項目や、その結果の対処がワークフローとして整備されていることが一般的です。エンジニアのチームにおいても、ユーザや他チームからの連絡を受けた際の基本的な確認項目を整理しておくことが、品質と効率を両立するうえでも有効な手段です。

**▍初動のタイミングでユーザから聞き出せると良いこと**

| カテゴリ | 聞き出すこと | 良くない応対の例 |
|---|---|---|
| 何が | ・画面名称や画面ID（一意に特定できるのが望ましい） | ×ほとんどの画面<br>×ユーザの使う画面 |
| いつ | ・いつから発生しているのか<br>・現在も続いているのか | ×前から使えない |
| 何をしたか | ・どのような操作をしたら起きたのか<br>・今まで試したワークアラウンドがあるか | ×普通に触っていたら勝手になった |
| 再現性 | ・初めてか、過去にも起きていたか<br>・特定のユーザだけで発生するか、全員か | ― |
| 緊急性 | ・いつまでに解決する必要があるか<br>・どのような業務影響が出るか | ― |

　こういった内容を初動のタイミングで聞き出すことができると非常に素晴らしいです。ただし、情報に誤りがあったり、状態が変わったりする可能性もあります。システムログ、操作ログなどをもとに必ず裏とりをしましょう。

　特に良くない例は、「システムが全部使えない！」といった申告の場合です。この事象を引き起こす原因は、ネットワーク、サーバ、アプリケーションなどさまざまであり、このままではシステム障害対応の方向性をミスリードする可能性があります。

　たとえばこれが、「システムにログインしようとしたら、認証XXエラーが表示される」だったらどうでしょうか。認証処理に関わる部分のみ調査をすれば良さそうです。「すべての業務仮想端末が立ち上がらない」であれば、業務サーバではなく端末システムを調査することになるでしょう。2つの例はいずれも、「システムが全部使えない！」になるのですが、もう一段深く事象を確認することで、システム障害対応の品質・スピードを高めることができます。

　しかしながら、こういった確認を口頭だけで行うのは困難です。システム障害の発生時はお互いに焦っているので、言い間違い・聞き間違いなどが頻

発しますから、画面のハードコピーやエラーメッセージを送付してもらうことが有効です。もし、ユーザと同じ画面を確認可能な場合は、電話口で話しながら事象を再現確認するのも非常に有効です。

## このセクションの **ま** **と** **め**

このセクションでは、システム障害発生時の初動である「検知・事象の確認」プロセスについて解説しました。

・このプロセスの目的は、迅速な障害対応の開始

・そのためにすること
　☑ 何が起きているのか事象を確認する
　☑ インシデントコマンダーを任命する
　☑ 障害の発生を宣言し、障害対応プロセスを開始する
　☑ 必要な人を集めて障害対応チームを組成する

・成功させるために意識するポイント
　☑ 本来あるべき状態との違いを明確にし、わかりやすく事象を伝える
　☑ 解決したい課題を確認することで、効率的に事象を把握する
　☑ まずは迅速に一報をする。不明点は不明と明記する
　☑ 曖昧な表現を避ける

これにより、迅速にシステム障害対応を開始することができました。必要なメンバーも集まりつつあります。顧客やサービスオーナーにも連絡を行いました。

しかし、まだシステム障害の全貌が見えていません。システム障害の重大性は、システム障害がもたらす業務影響によって決まります。次のセクションでは、業務影響調査について解説します。

# 4.2 ◆ 業務影響調査

　このセクションでは、下のシステム障害対応プロセスにおける「業務影響調査」について解説します。

| イベントの確認 | 検知・事象の確認 | 業務影響調査<br>原因調査 | 復旧対応 | 本格（恒久）対策 | 障害分析・再発防止策 |
|---|---|---|---|---|---|

| プロセス名 | 業務影響調査 |
|---|---|
| 目的 | すべての業務影響の把握と、障害レベルの更新 |
| 主なタスク | ・業務影響調査の実施<br>・障害レベルの決定<br>・ユーザ向けの説明や顧客内での対応検討 |
| インプット | ・検知・事象の確認結果<br>・原因調査結果（障害を引き起こしているコンポーネント） |
| アウトプット | ・関係者への報告<br>　☑ 事象、発生時刻、業務影響※、原因、対応内容、対応者：インシデントコマンダー、連絡状況などを報告<br>　☑ ※の付いたもの以外は、その時点で判明しているものや、更新があれば内容を報告する<br>・復旧すべき業務の一覧<br>・障害状況ボード |
| それぞれの役割 | インシデントコマンダー：業務影響調査指示、情報のとりまとめ<br>作業担当：業務影響調査実施<br>ユーザ担当：業務影響の申告、業務影響調査結果の翻訳、ユーザ部門やCIOへの説明、復旧すべき業務の優先度付け<br>CIO：［重大障害の場合のみ］事業影響の確認、復旧すべき業務の優先度付け |

# 4.2.1 ◆「業務影響調査」プロセスとは

このプロセスでは、システム障害によってユーザにどのような影響が出ているかを調査します。「ITシステムが正常に稼働していれば提供できたはずの業務」が、業務影響調査結果になります。すべての業務影響を特定し、障害レベルを更新します。すべての影響を調査する必要があり、それが終わらない限りこのプロセスは完了しません。

### ◉ 業務影響調査の実施

インシデントコマンダーは、業務影響調査を作業担当に指示します。作業担当は、システム障害の影響を明らかにするために、システムの状態調査やユーザヒアリングを行い、システム障害によってどのような影響が出ているのかを確認します。

業務影響の確認は、ユーザ視点・業務視点で行う必要があります。そのため、「サーバが何台停止した」「ネットワークが止まった」といったインフラそのものに関する情報は、業務影響調査結果には含めません。インフラ上で稼働するサービスや、利用する業務への影響を調査することが必要です。たとえば、以下のような内容を確認します。

### ❙ ここで確認すべき内容

| カテゴリ | 具体的な例 |
|---|---|
| 何が | 画面名、帳票名など |
| 異常な状態とは | 参照不可、出力不正、レスポンスの遅延など |
| どの業務が影響を受けるのか／受けたのか | 発注ができない、ログインできないなど |
| 誰が影響を受けるのか／受けたのか | 本来処理すべきだったリクエスト数など |
| いつからいつまで影響があるのか／あったのか | 具体的な日時、推定の場合はその旨を明記する |

## インフラ障害の例

業務影響は
なさそうだね!

データベースがダウンし、副系へ切り替えるまでの
2:30～2:32の間に、新規登録サービスは使えませ
んでした。ただし、リクエストエラーはありません。

インシデント
コマンダー

作業担当

エラーログ

LB1　LB2

Web1　Web2　Web3

BL1　BL2

DB
(正系)

DB
(副系)

## ビジネスロジック障害の例

CIOに報告を行うので、
詳細な報告をお願いしま
す。それから、個人情報
の漏えいはないですか?

7/1に加入者に発送した、「取引履歴のお知らせ」の
金額計算に誤りがありました。誤ったお知らせを送付
した加入者は15,000人です。多数のユーザ影響が出
ており、レベル1の重大システム障害です。

送付した加入者のリストや正誤表を
作成中です。金額のみの誤りであり、
個人情報の漏えいはありません。

ユーザ担当

インシデント
コマンダー

### ● 類似業務影響の調査

　システム障害を引き起こしている部位(システムコンポーネント)が特定
された場合、影響を受けている業務が他にもないか調査します。たとえばイ
ンフラ障害において障害となっているサーバが特定できたら、そのサーバ上
で稼働するサービスを特定します。

**▍類似業務への影響を確認する**

　一般に、システムのリレーション・依存関係の複雑さに応じて、影響範囲は増えていきます。さらに、誤ったビジネスロジックで更新されたアウトプットデータ（データベースやインタフェースファイルなど）がある場合、影響範囲が広がります。後続の処理ではシステムエラーなどが出力されないことがあるため、対応はさらに困難になります[注1]。システムコンポーネントやサービス同士のリレーションや依存関係をたどる調査は、開発プロジェクトにおいて変更影響を調査する行為にとても似ています。

**▍システム構成が複雑だと影響範囲も広がりやすい**

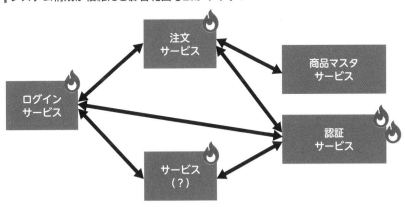

　作業担当は、調査結果をインシデントコマンダーに報告します。

---

注1）Appendixにおいて、難易度の高い障害対応のケースとして紹介しています。

### ◉ 障害レベルの確定

インシデントコマンダーは、各作業担当から上がってきた調査結果を受領し、とりまとめを行います。障害レベルの変更が必要な場合は、更新を行い、新しい障害レベルに従ったエスカレーションを行います。

### ◉ ユーザ向けの説明や顧客内での対応を検討

ユーザ担当は、調査結果を受領し、ユーザ部門からの報告との整合性や漏れがないか確認します。システム部門からの調査結果はシステム寄りの言葉になっている場合もありますので、ユーザ向けに翻訳を行います。

確認後、ユーザ部門へ状況の説明を行います。ユーザ部門では、ユーザ向けの情報発信対応を行います（→12.1）。重大なシステム障害の場合は、顧客内でエスカレーションが必要になりますので、CIOへ報告を行います。

CIOは、重大なシステム障害の報告を受領した場合、経営報告を行い事業継続に関する対応を開始します。ここで言う対応とは、復旧すべき業務の優先度付けです。これは、復旧対応プロセスにおいて重要なインプットになります。

## 4.2.2 ◆ 本プロセスで必要なツール・ドキュメント

このプロセスで必要なツールやドキュメントは以下のとおりです。システム障害による業務影響を特定するために、システムのリレーション・依存関係がわかるものが必要になります。

☑ コミュニケーションツール（メール、チャット、電話）
システム障害対応チーム内や関係者との連絡・情報共有に使います。

☑ 障害状況ボード
システム障害対応チーム内や関係者で、システム障害および対応の最新状況を共有します（→5.4）。このプロセスにおいて主に更新されるのは、業務影響の項目です。

☑障害レベル管理表

　システム障害の影響度と緊急度から障害レベルを判定し、エスカレーション先を把握するために使います（→**5.3**）。このプロセスによって、障害レベルが確定します。


☑連絡先管理表（体制図）

　システム障害対応時における関係者の、体制と連絡先の一覧で、連絡に使います（→**5.2**）。


☑障害対応フロー図

　システム障害発生時の関係者、連絡先などの活動の流れがわかるフロー図。人の動き方の再確認に使います（→**5.1**）。


☑システムモニタリングツール、システム状況ダッシュボード

　システムエラーメッセージやメトリクスの状況などのモニタリングツールと、その情報をサマライズしたシステム状況ダッシュボード。障害状況の概要を掴むために利用します（→**6章**）。


☑システム仕様書、外部／内部設計書（システム本来の仕様がわかるもの）

　システムの本来の仕様や機能を確認するために利用します。


☑インタフェース一覧、CRUD図、ジョブ設計書など（ビジネスロジックアプリケーション同士のリレーションがわかるもの）

　ビジネスロジックアプリケーション同士のリレーションを調査し、業務影響の伝播を確認するために使います。


☑システム構成図、ネットワーク構成図など（インフラのリレーションがわかるもの）

　システムコンポーネント・インフラスタックのリレーションを調査し、業務影響の伝播を確認するために使います。

☑ ビジネスダッシュボード（システム状況ダッシュボードと連動している場合のみ）

取引量や売り上げなどといったビジネスKPIの集計にシステム稼働情報が連携している場合、影響範囲が表示されている可能性があるため確認します。

## 4.2.3 ◆ 対応のポイント

業務影響調査を行ううえでは、以下のようなポイントに注意しましょう。

**》Point 影響調査を疎かにしがちな場合は、影響調査担当（チーム）を作る**

顧客が最も欲しがっている情報は、システム障害の原因よりも影響範囲です。その一方で、システム部門側の視点だと原因追究や復旧に注力してしまいがちです。これはエンジニアの本能に近いので、仕方ない部分もあります。このような場合は、作業担当を「業務影響調査担当」と「復旧担当」に分けることを推奨します。

**》Point 潜在的な影響も確認し、報告する**

すでに顕在化した影響だけでなく、潜在的な影響も漏れなく報告しましょう。

たとえば、朝9時から業務で利用するサーバが深夜にダウンした場合、その時点では影響はありません（顕在化していない）。しかし、何も対応をしなければ数時間後に影響が出るのであれば、それも正確に伝えましょう。不安を抱かせたくないあまりに「影響はありません」という情報だけを発報すると、顧客や関係チームの反応が鈍くなり、最悪の場合、対応のポテンヒットを生むリスクがあります。

**》Point 影響あり／影響なし／調査中、を漏れなく伝える**

システム障害対応の現場では断片的な情報が流れがちで、こうした情報が全体をミスリードしてしまうことがよくあります。

私の経験ですが、まず「XXユーザには影響なし」という情報がアナウンス

され、その30分後に「それ以外のユーザには影響あり」という情報がアナウンスされたことがありました。この2つの情報は嘘ではないのですが、続報が届くまでの30分間において、関係者は「業務影響はない」とミスリードされてしまいました。

**▌断片的な情報はミスリードにつながる**

初報が、「XXユーザには影響なし、それ以外のユーザは調査中」というアナウンスであればこのようなことにはならなかったでしょう。業務影響調査は、確認結果だけでなく、確認できた範囲についても伝えることが重要です。

### ▶Point 影響調査の方法について確認・合意する

インシデントコマンダーから作業担当に対して業務影響の調査を指示する場合、必ず調査方法についても確認・合意を行いましょう。ユーザからの申告を鵜呑みにするのか？　システムエラーから推測するのか？　実際に画面を確認しコマンドを実行して確認するのか？　調査方法はさまざまであり、方法によって精度・スピードは変わります。

調査結果を受けた後で調査方法の認識の相違が判明すると、調査のやり直しが発生します。また、調査方法の誤りに気付く可能性もあるので、誤報を予防することにもつながります。

## このセクションの まとめ

このセクションでは、「業務影響調査」プロセスについて解説しました。

・このプロセスの目的は、すべての業務影響の把握と障害レベルの更新

・そのためにすること
☑ ユーザ視点・業務視点での影響を調査する
☑ リレーション・依存関係に合わせて調査範囲を広げていく
☑ 特定した影響範囲に合わせて障害レベルを更新する

・成功させるために意識するポイント
☑ 調査の進捗が悪いときには、影響調査の専任担当を作る
☑ 潜在的な影響も確認し、報告する
☑ 影響のあり／なし／調査中、を漏れなく伝える
☑ 影響調査の方法について合意する

業務影響が判明したことで、このシステム障害の重大性がわかりました。顧客側でも体制が整いつつあります。このシステム障害の事象は何によって引き起こされているのでしょうか。次のセクションでは原因調査について解説します。

# 4.3 ◆ 原因調査

このセクションでは、下のシステム障害対応プロセスにおける「原因調査」について解説します。

イベント
の確認

検知・事象
の確認

業務影響調査

原因調査

復旧対応

本格（恒久）
対策

障害分析・
再発防止策

| プロセス名 | 原因調査 |
|---|---|
| 目的 | 障害原因（コンポーネント）の特定 |
| 主なタスク | ・原因の仮説（想定原因）をリストアップする<br>・仮説を検証して原因を絞り込む<br>・原因の最終検証 |
| インプット | ・検知・事象の確認結果<br>・業務影響調査結果 |
| アウトプット | ・障害を引き起こしている障害部位の特定結果<br>・関係者への続報<br>　☑ 事象、発生時刻、業務影響、原因※、対応内容、対応者:<br>　　インシデントコマンダー、連絡状況、などを報告<br>　☑ ※以外は、その時点で判明しているものや、更新があれ<br>　　ば内容を報告<br>・更新された障害状況ボード |
| それぞれの役割 | インシデントコマンダー：原因調査指示、情報のとりまとめ<br>作業担当：原因の調査、調査結果の報告<br>ユーザ担当：ー<br>CIO：ー |

# 4.3.1 ◆「原因調査」プロセスとは

　このプロセスでは、システム障害の事象を引き起こす可能性のある複数の原因について、仮説を立てて調査・検証を繰り返すことで、システム障害の原因を絞り込みます。原因の切り分けとも呼ばれます。

## 原因の仮説（想定原因）をリストアップする

　インシデントコマンダーは、システム障害の事象を引き起こす想定原因をリストアップすることを作業担当に指示します。

　作業担当は、これまでの事象確認結果や業務への影響から、障害部位の見当を付けて報告を行います。多くの場合、この想定原因は複数上がってくるはずです。

　インシデントコマンダーと作業担当のシステム障害対応チームで、リストアップされた複数の想定原因を確認し、検証を行う優先度付けを行います。優先度については、「可能性の高いもの」「調査の簡単なもの」を高く設定します。

## 仮説を検証して原因を絞り込む

　インシデントコマンダーは、想定原因の検証を作業担当に指示します。緊急事態においては、複数のチームが同じ想定原因を調べてしまう作業の重複や、逆に誰も調べていないポテンヒットがよく起こります。障害状況ボードを使って、誰が何を調査しているのかわかるようにする必要があります。

　作業担当は、1つ1つ検証を実施して、確実に原因を絞り込んでいきます。また、想定原因の検証が終わるたびにインシデントコマンダーに報告します。原因の特定に至らない場合、インシデントコマンダーは次に調査すべき想定原因を指示します。

## 原因の最終検証

　システム障害の原因部位が絞り込めたら、障害対応チームメンバーや有識者を含めて複数人で確認を実施します。「調査対象の想定原因」「調査方法」「結果」などについて、正しい調査が行われたかどうか、その結果について確認

します。

特定された原因によって、現在起きているシステム障害事象の説明は付くでしょうか？　もし、説明が付かない事象がある場合、別の問題や原因が潜んでいる可能性があるため、調査を継続します。ただし、残ったシステム障害事象の対応優先度が低い場合は、残りの原因調査作業は後回しにして、すでに判明した障害原因部位に対する復旧対応プロセスを行います。

## 4.3.2 ◆ 業務アプリケーションとインフラでの調査手法の違い

リストアップした仮説の検証と原因の絞り込みの流れは、ビジネスロジックアプリケーションとインフラの違いはありませんが、具体的な手法には違いがあります。

### ◉ ビジネスロジックアプリケーションの想定原因リストアップと検証の流れ

ビジネスロジックアプリケーションの調査は、リバースエンジニアリング[注2]やリファクタリング[注3]といった行為に似ています。

まず、インプットデータとアウトプットデータを入手し、本来の振る舞い（外部仕様）を把握する必要があります。イメージが付きやすいよう簡単な例で説明します。

**▌業務アプリケーションの原因調査**

インプット　　プログラム　　アウトプット

| 商品A 100円 | → | 商品金額を税込価格にする | → | 110円 | ←本来の仕様 |

ソースコードを読む能力だけでなく、本来の振る舞い（外部仕様・業務知識）を理解している必要がある

←「検知・事象の確認」：システム障害によって本来の機能が実現できない「商品Aの税込価格が異なる」

| ? | → | ? | → | 121円 |

←「原因調査1」：インプット、実際のアウトプット、本来あるべきアウトプットを把握

| 商品A 100円 | → | （価格×1.1）＋（金額の10%） | → | 121円 |

←「原因調査2」：インプットが正しい場合は、実際のアウトプットと本来あるべきアウトプットとの差をもたらすロジックに見当を付けて調査する「税額が二重で計算されている」

| 商品A 110円 | → | 金額 × 1.1 | → | 121円 |

←「原因調査2'」：プログラムが正しい場合は、インプットが想定と異なる。他システムインタフェースデータの不正、業務オペレーションミスなど「税抜価格がインプットされるべきなのに、税込価格がインプットされた」

---

注2）ソフトウェアの内部構造を解析し、詳細な仕様を明らかにすること。
注3）プログラムの外部仕様を変えずに、内部構造を見直すこと。テスト駆動開発では必ずこれを行います。

商品の税込価格を出力するプログラムがあり、100円の商品Aは、税率10％で110円と出力されるべきでした。ところが、「検知・事象の確認」プロセスにおいて121円と出力されている状態だということがわかりました。

　この障害事象を引き起こす想定原因は、「インプットデータがおかしい」「プログラムがおかしい」という大きく2つがあります。

　原因調査では、まず、インプットデータとアウトプットデータ、そして外部仕様を把握します。商品Aの金額が100円になっていれば、インプットデータは正しそうです。その場合は、プログラムに問題を絞り込みましょう。外部仕様では税率10％の税額込みの変換をするはずですから、110円になるべきです。ところが、アウトプットデータが121円となっているのですから、税率計算処理や金額を格納する変数などを詳細化された想定原因として調査・検証し、問題のコードを特定します。この例では、二重計算するロジックになってしまっています（原因調査2）。

　逆に、プログラムが正しい場合もあります。その場合は、入力データを調査しましょう。他システムとの認識相違や業務のオペレーションミスによって、入力データに不正な値や想定していないレコードが入力されていたということもよくあります。この例ですと、商品Aの税込価格が誤ったデータで入力されていたため、結果的に二重計算になってしまっています（原因調査2'）。

　この誤ったデータが、業務のオペレーションミスで入力されたものなのか、それとも外部プログラムから連携・入力されたものなのかを詳細な想定原因として調査・検証し、問題のデータ入力元を特定します（原因が外部プログラムと判明した場合には、そのプログラムが他に同様の誤ったデータを送信し、別のシステム障害事象を引き起こしていないか類似調査が必要になります）。

　私の経験上ですが、単体のコーディングミスが原因ということはほとんどなく、顧客や外部システムとの間での外部仕様の認識相違による問題がほとんどです。そのため、単一のコードを理解するためのプログラミングの知識以外に、各アプリケーションが連携してどう動くべきかといった全体仕様、業務仕様を把握していることが重要です。

ビジネスロジックアプリケーションに対する原因調査では、やみくもにコードを読んで原因を追究すると時間だけを浪費します。インプット・アウトプット・業務仕様（業務的にどうなれば正しいのか）を押さえたうえで、問題箇所の見当を付けて（仮説を立てて）から調査・検証を行いましょう。

---

**Column　実際の業務仕様は複雑**

　本書では説明のために単純なビジネスロジックで説明しましたが、実際の業務仕様はもっと複雑です。

　証券トレードであれば、現物株式の買い注文や売り注文が成立した日が約定日。約定日から2営業日後が決済をする受渡日。では売買代金の受け渡しはいつか？　非営業日の場合は？　2019年7月16日に制度が改正され、受渡日が1日早まった（T+3→T+2）が、7月15日に注文した分はどうなるのか？　上場株式以外は？　取引報告書の合計金額はどうするか？

　こういった考え方をシステム仕様・プログラムのロジックに反映させていきます。証券業界の人であれば常識のレベルなのですが、そうでないとなかなか難しいことです。また、業界用語もたくさん出てきます。ペロを切るとか（ちなみに注文伝票のことです）。

---

### ● インフラにおける想定原因のリストアップと検証の流れ

　次にインフラ障害における原因調査です。インフラは複数のシステムコンポーネントのつながりによって機能を果たしています。それぞれのシステムコンポーネントのステータスを確認することで、原因の障害部位を特定します。

　非常にシンプルな例として、サーバからPing応答が途絶えたという事象を使って説明します。サーバからPing応答が途絶えたという事象に対する想定原因は、複数リストアップされます。たとえば、OSレベルのカーネルパニック、サーバ機器障害によって電源がダウン、NICの障害、サーバではなくストレージやネットワーク側（スイッチなど）の問題など、多くの原因

が考えられます。

　まず、簡単にできる切り分け・原因の絞り込みとして、複数箇所で事象が発生しているかどうかを確認します。複数の場合、この事象を引き起こすのは共通的な部位である可能性が高いです。単純な例であれば、複数の仮想マシンが停止する事象に対して、共通部位が同一の物理マシンということであれば、管理サーバ・監視サーバからのステータス確認、システムログ、設定内容、実際の物理マシンの電源ランプなどによって物理マシンの状態を確認し、障害部位を特定します。

**▌インフラ障害の原因調査（物理マシンの状態を確認）**

　障害事象が物理マシンをまたがって発生している場合は、ストレージ（データストアなど）やネットワークなどの共通部位を想定原因とします。

**▌インフラ障害の原因調査（ストレージやネットワークの状態を確認）**

このように、原因の絞り込みや調査の優先度付けを行うことで効率良く原因を特定することができます。そのためには、システムコンポーネントのリレーションや依存関係を理解している（そしてそのためのドキュメントや管理サーバがある）ことが必要です。

インフラ障害は、1つの部位が障害になると大量のシステムエラーが発生することがほとんどです。そのため、やみくもにエラーを読んでいても原因追究は難しいでしょう。システム障害事象の共通性などから想定原因箇所の仮説を立ててから、順次調査検証をしていきましょう。

ビジネスロジックアプリケーション障害・インフラ障害で手法の違いはあるものの、想定原因の仮説を立てて、検証し、絞り込んでいくという基本動作は同じです。

### ❀ その他のアプローチ

他にも、以下のような手法やアプローチがあります。

☑再現テストを行う

ログを追跡しても原因の特定に至らない場合があります。こうした場合には、再現テストを行って原因を特定することがあります。ただし、環境準備に時間がかかるので、実際には復旧作業を優先させることが多いです。

☑システム障害中や障害発生直前の変更を確認する

今まで正常に動いていたシステムに障害が発生しているのであれば、何らかの環境変更作業やリリースによって引き起こされた可能性は高いと考えられます。

☑同件事象を確認する

特定のエラーコードや事象について、社内外で過去に同様のシステム障害が発生したことがないか確認します。ナレッジが豊富なインフラ障害の場合は特に有効です。

### 4.3.3 ◆ 本プロセスで必要なツール・ドキュメント

　このプロセスで必要なツールやドキュメントは以下のとおりです。障害の想定原因のリストアップや絞り込み、検証を行うために、システムのリレーション・依存関係がわかるものや、全体状況が把握できるようなモニタリングツール、調査用のコマンドなどが必要になります。

☑ コミュニケーションツール（メール、チャット、電話）
　システム障害対応チーム内や関係者との連絡・情報共有に使います。

☑ 障害状況ボード
　システム障害対応チーム内や関係者で、障害および対応の最新状況を共有します（→**5.4**）。このプロセスで主に更新されるのは原因調査の項目です。

☑ システムモニタリングツール、システム状況ダッシュボード
　システムエラーメッセージやメトリクスの状況などのモニタリングツールと、その情報をサマライズしたシステム状況ダッシュボード。障害状況の詳細を確認するために利用します（→**6章**）。このようなツールがない場合は、実機にコンソールでアクセスして調査を行います。

☑ 調査用のコマンドおよび一括で実行する仕組み
　システムコンポーネントのステータスを確認するためのコマンド群や、ビジネスロジックアプリケーションのインプット／アウトプットデータを取り出すコマンドをあらかじめ整理しておくと、原因調査の際に有効です。また、これらのコマンド群を束ねて一括で実行できるようにしておくと、原因調査や復旧確認の迅速化につながります。

☑ システム構成図、ネットワーク構成図など（インフラのリレーションがわかるもの）
　システムコンポーネントのリレーションに基づき原因調査を行います。

☑ インタフェース一覧、CRUD図、ジョブ設計書など（ビジネスロジックアプリケーション同士のリレーションがわかるもの）

ビジネスロジックアプリケーション同士のリレーションに基づき原因調査を行います。

## 4.3.4 ◆ 対応のポイント

「原因調査」プロセスにおける対応のポイントは次のとおりです。

### ●Point 原因調査は復旧に必要な障害部位の特定までを行う

システム障害対応の目的は、ユーザの業務影響を極小化し、早期に業務を復旧させることです。ところが、原因調査に夢中になるあまり、復旧対応や業務影響調査をおろそかにしてしまうことがあります。「原因追究ばかりするな」とよく言われるのですが、原因がわからないと対応できないという意見もあります。これは、原因という言葉が広い意味を持っているため、認識に食い違いが生じることが理由だと考えています。

原因調査をどこまで行うべきかは、障害部位の特定までと考えておくのが良いでしょう。What（どこが壊れたか？　どこにバグがあるか？）の特定まですれば良く、Why（なぜ壊れたか？　なぜバグを作り込んでしまったか？）は不要です。

障害部位をどこまで細かく調査すれば良いかは、インフラの場合、可用性設計（復旧方式）に依存します。サーバ単位で可用性を担保（たとえばロードバランサーからリクエストを切り離す、クラスタリングを行うなど）しているシステムであれば、サーバからのPing応答がないといった障害事象の場合、ネットワークの問題なのかサーバの問題なのかといったシステム単位のコンポーネントを切り分けるのは必要な対応です（復旧プロセスのインプットとなるため）。しかし、さらに細かくサーバ単位のコンポーネントレベルで障害部位を特定する（マザーボードやNICといった障害部位を特定する）ことは重要ではありません。それ以上の調査は後回しにして、まずは復旧対応を行いましょう。

**Point** システム構成図などで可視化しながら、認識合わせを効率的に行う

　複数の業務アプリケーションに依存関係があるシステム障害や、複数のシステムコンポーネントが関連するインフラ障害では、簡単でも良いのでシステム構成図を描画することを推奨します。図で可視化することにより、対応者自身の整理になるだけでなく、システム障害対応チーム（該当システムに詳しくないメンバーも含みます）同士で認識を合わせることもできます。

**Point** あらゆる原因を想定し事実と仮説を混同しない、そのために人を集める

　システム障害事象を引き起こす想定原因は複数ある（→**4.3.1**）にも関わらず、1つの想定原因が挙げられると、それに固執して全体をミスリードすることがあります（このような「先行した情報に引きずられて後続の判断に影響を与えてしまう状態」を、認知バイアスの1つでアンカリングと呼びます）。

　これは、想定原因（仮説）を検証していない状態で、事実と混同してしまうために起こることがほとんどです。仮説が事象と矛盾するようであれば気付くのですが、仮説で事象の説明が付いてしまうと、検証済みの仮説であるかのように思い込んでしまうことが多いのです（すでに信じている仮説がある場合、それを補強する情報を無意識に選び、さらには否定的な情報を軽視することを追認バイアスと呼びます）。

　システム障害対応は未知の領域であり、時間的制約の中で情報過多（もしくは不足）の判断を行うものです。そのため、思い込みによるミスリードを完全に防ぐことはできません。ですが、インシデントコマンダーが以下を心がけることで判断の誤りを減らせます。

☑ 原因調査ステータスを併記する

　障害状況ボードの原因欄に、「サーバOS障害：想定」というように調査のステータスを併記することで、検証がまだ必要な段階であると、インシデントコマンダーだけでなく障害対応チームや関係者が意識することができます。

☑ 有識者を集める

　有識者に想定原因の洗い出しに協力してもらいます。複数人でチェックすることで、思い込みを減らせます。ただし、想定原因が集まりすぎることがありますので、その場合は優先順位を付けて絞り込みを行いましょう。

　集められた有識者は、障害対応チームの決断や考え方をただ追認するのではなく、競合する仮説や否定的な情報を検証するなど、第三者的視点での支援が必要になります。あくまで支援ですので、障害対応チームの決断を否定し続けた結果、対応が遅れることがないようにしてください。

---

**Column** ナレッジの蓄積が障害対応の品質とスピードを高める

　過去に行った障害対応の記録は、未知の障害対応でも有用なことが多くあります。検索できる状態で、以下のような情報を紐付けて管理しておくことを推奨します。ナレッジ管理ツールなどを利用しても良いですし、Excelなどで管理しているチームもあります。

☑ システムのエラーメッセージ
☑ 関連する構成情報（システム名やサーバ名など）
☑ 実際に行った調査や復旧手順の内容（コマンドラインや手順書（→**11.2**）など）
☑ 関連するポストモーテム（→**8.1.1**）

　ただし、時間の経過とともに情報が劣化することに注意します。情報の定期的なメンテナンスを行うか、ナレッジの利用時には参考情報に留めておくことが必要です。また、記載方法にもルールを設けることで利用しやすくなります。

# このセクションの まとめ

このセクションでは、「原因調査」プロセスについて解説しました。

・このプロセスの目的は、障害原因部位(コンポーネント)の特定

・そのためにすること
  - ☑ 原因の仮説(想定原因)をリストアップする
  - ☑ 仮説を検証して原因を絞り込む
  - ☑ 原因の最終検証を行う

・成功させるために意識するポイント
  - ☑ 原因究明ばかりに夢中にならず、障害部位の特定までに留める
  - ☑ システムの構成図などを描画し、障害対応チームの意思疎通を図る
  - ☑ 事実と仮説を混同しない
  - ☑ あらゆる原因を想定し、そのために人を集める

復旧させる対象業務に続き、障害原因の部位(コンポーネント)が判明したことで、具体的な復旧手段を検討できる状態になりました。次のセクションでは復旧対応について解説します。

# 4.4 ◆ 復旧対応

　このセクションでは、下のシステム障害対応プロセスにおける「復旧対応」について解説します。

| プロセス名 | 復旧対応 |
|---|---|
| 目的 | システム障害によるユーザ業務影響の回避・拡大防止・復旧させるための対策実施 |
| 主なタスク | ・復旧対応策の調査　　　　　　　　・復旧対応策の検討／決定<br>・復旧対応策の実施準備／実施　　　・復旧確認<br>・完了報告と体制の解散 |
| インプット | 業務影響調査結果（復旧すべき業務の一覧）<br>原因調査結果（障害を引き起こしている障害部位の特定結果） |
| アウトプット | ・業務とシステムの復旧<br>・関係者への終報<br>　☑ 事象、発生時刻、業務影響、原因、対応内容と結果※、<br>　　対応者:インシデントコマンダー、連絡状況、などを報告<br>　☑ ※以外は、その時点で判明しているものや、更新があれ<br>　　ば内容を報告<br>・更新された障害状況ボード |
| それぞれの役割 | インシデントコマンダー：復旧対応策の調査指示、復旧対応策の検討と決定、障害対応完了の宣言、体制解除<br>作業担当：復旧対応策の調査・報告・検討、手順作成、実施、システムの復旧確認<br>ユーザ担当：復旧対応策の検討と承認、業務復旧の確認<br>CIO：復旧対応策の検討と承認 |

## 4.4.1 ◆ 「復旧対応」プロセスとは

復旧対応では、ITサービス・システムの障害によるユーザ業務影響の拡大を食い止める、もしくは復旧させるための対策を実施します。復旧対応策を調査し、それぞれの案について比較、検討します。実施判断を行い、手順を作成して実施します。実施後はユーザ業務影響の復旧状態を確認します。

### ◎ 復旧方針の合意

障害対応チーム（もしくはインシデントコマンダーのみ）、ユーザ担当、CIO（大規模なシステム障害の場合）で復旧方針を合意します。復旧方針には、復旧対象、優先度、対応期限などが含まれます。

### ◎ 復旧対応策の調査

インシデントコマンダーは、復旧対応策の検討を作業担当に指示します。業務影響調査と原因調査が完了していることが望ましいですが、リミット時間を考慮し、他のプロセスと並行して復旧対応準備を行います。

作業担当は、復旧対応案をインシデントコマンダーに報告します。

### ◎ 復旧対応策の検討／決定

障害対応チーム、ユーザ担当、CIO（大規模なシステム障害の場合）で対応策を検討／決定します。システム的な復旧手段、ユーザ業務による影響回避といった手段があります。検討に必要な情報は主に以下のとおりです。

☑ システム的な復旧手段

4.3.2のビジネスロジックアプリケーションのケース（入力データが不正だった場合）では、インプットデータである商品Aの金額を修正してプログラムを再実行する、もしくはアウトプットの商品Aの金額を直接修正してしまうといった手段が考えられます。

4.3.2のインフラ障害のケース（サーバ応答不可）では、仮想マシンを別の物理マシンで稼働させるなど、クラスタリング／可用性設計に基づいた手段

が考えられます。

☑ ユーザ業務による影響回避

　ユーザに代替手段を提供します。たとえば、参照画面が使えない事象であ
れば、エンジニアがデータをエクスポートしてユーザに提供します。また、
Webサイトに障害情報を掲示し、復旧するまで業務の実施を待ってもらう
といったことも含まれます。

☑ 復旧までに必要な時間（手順準備＋実行時間＋後続処理時間）

　復旧手段の準備にかかる時間、および実行に必要な時間をそれぞれ概算し
ます。復旧手段実行後に後続処理の実行が必要な場合は、その時間も見積も
ります。複数の処理が連なるバッチ処理の場合は、特に後続処理時間の見積
もりが重要です。

▎後続処理の時間も見積もり、復旧リミットに間に合うか確認する

☑ 実績の有無

　復旧手段の実行に伴うリスクを確認するために必要な情報です。今まで実
施したことのない対応は、さらなる想定外の事象（二次被害）を引き起こす
リスクがあります。復旧手段自体の実績だけでなく、実行先の環境において
実績があるかどうかについても確認を行いましょう。実際に、別のシステム

で実施実績があったものの、障害が起きているシステムとは環境差異があったため手順の実行に失敗し、二次被害を引き起こした事例がありました。

　復旧手段の妥当性、リミットの時間に間に合うか、二次被害を引き起こすリスクがあるかという観点で検討を行い、決定します。

### ◉ 復旧対応策の実施準備／実施

　決定した手段の実施を指示します。実施の承認は、事前に取り決めた障害対応フローに従い、インシデントコマンダーやITサービス（システム）のオーナーが行います注4。本番環境の変更を行う復旧対応は、ヒューマンエラー（人的ミス）を起こす可能性が高いため、以下を準備します。

#### ☑ 手順書の作成準備

　非緊急時であれば必ず用意しましょう。既知のシステム障害であればすでに存在する可能性が高いです。緊急時には用意するのが難しいことが多いですが、実施する作業の流れとコマンドを、簡単なメモでもかまわないので書き起こし、他の障害対応チームメンバーにチェックしてもらいましょう。手順書作成のポイントは11章で解説していますので参考にしてください。

#### ☑ 複眼チェック要員

　非緊急時であれば必ず用意しましょう。リモートの場合は、Web会議ツールなどの画面共有機能を利用しましょう。緊急時には用意できない場合があります。少人数の体制であればインシデントコマンダーが担ってもかまいません。

#### ☑ 作業ログの取得

　コンソールログなどを取得しましょう。これは二次被害など想定外の事態が起きた場合、調査に利用します。作業証跡、障害報告にも利用することが

---

注4）SIの場合は、顧客であるユーザ担当や、CIOが実施承認を行うこともあります。

あります。また、システム障害の再発に備えて、手順書化するときにも利用します。

◆◆◆

準備が整ったら覚悟を決めて実施します。実行した手順にはチェックを付けて、実施漏れを防ぎます。複眼チェック要員と確認しながら行いましょう。

#### ● 復旧確認と体制の解除

作業後に、システムと業務の復旧状態を確認します。業務影響調査プロセスで判明した業務が漏れなく回復していることを確認します。

インシデントコマンダーは障害対応が完了したことを宣言し、体制を解除します。

## 4.4.2 ◆ 本プロセスで必要なツール・ドキュメント

「復旧対応」プロセスで必要なツールやドキュメントは以下のとおりです。

☑ コミュニケーションツール（メール、チャット、電話）
システム障害対応チーム内や関係者との連絡・情報共有に使います。

☑ 障害状況ボード
システム障害対応チーム内や関係者で、障害および対応の最新状況を共有します（→**5.4**）。このプロセスで主に更新されるのは復旧対応の項目です。

☑ 実績のある障害対応手順
存在する場合は、これを利用して復旧対応を行います。

## 4.4.3 ◆ 対応のポイント

「復旧対応」プロセスにおける対応のポイントは次のとおりです。

**⊃Point** **想定外の事象が発生した場合は、一度中断し、すぐに報告する**

復旧手順を実施中に想定外の事象が起きることがあります。手順書どおりに実施していない／手順書が間違っている／手順書の実行前提を満たしてないなどの原因があり、二次被害のおそれがあります。復旧対応策の検討（→4.4.1）にも記載したとおり、実績の確認時は、手順の実行だけでなく、実施環境の実績も確認が必要です。

手順の途中で想定外の事態になった場合は、手順実行を無理に継続すると被害が拡大するおそれがあります。そのため、いったん手順実行を止めて報告を行いましょう。

**⊃Point** **インフラ障害の復旧確認は、システムコンポーネントだけでなく業務復旧やシステム全体に対して行う**

特定のOSプロセスがダウンしたシステム障害において、該当のプロセスの復旧を確認したものの、他のプロセスが起動されていないといった事態が発生することがあります。たとえば4.3.2のインフラ障害のケースであれば、Webサーバは起動させたものの、業務復旧に必要な他のプロセス（データベースの起動やその他の設定）の対応漏れといった具合です。

システム障害の原因となったシステムコンポーネントの復旧対応に注力するあまり、他のシステムコンポーネントへの対応がおろそかになってしまった、復旧作業のポテンヒット、復旧手順の不備など要因はさまざまです。

こうした対応漏れを防ぐには、復旧確認時に、システム全体に対してステータスの確認を行います。各システムコンポーネントの状態を一括で確認するコマンドを事前に用意しておきましょう。また、エンドツーエンドで疎通確認を行います。システムステータスの確認だけでなく、実際にユーザに使用してもらい復旧確認を行うのも有効です。

**⊃Point** **処理時間の見積もりに平均値を利用する場合は、処理時間のばらつきに注意する**

バッチ処理の後続処理時間を見積もる際（→4.4.1）は注意が必要です。後続処理時間は過去実績から算出することが一般的ですが、その際に平均時間

だけを用いると時間を見誤ることがあります。特定のイベント日だけ長時間稼働するバッチジョブに注意しましょう。

### ●Point 復旧対応が100%成功することは少ないという前提に立つ

机上ではできると判断した対応が、実際にはうまくいかないという事態は頻繁に起こります。人海戦術、前例のない対策、前提条件を崩して処理させるなど、二次被害を起こしやすい手段をどうしても実施しなければならない場合は、失敗したときのフォローも併せて検討する必要があります。

### Column　ヒューマンエラーと指差呼称（しさこしょう）

　ヒューマンエラーを減らす取り組みとして、日本の鉄道や産業現場では指差呼称という基本動作があります。腕を伸ばして指を差しながら「XXXヨシ！」としている姿を見たことがあると思います。『失敗のメカニズム　忘れ物から巨大事故まで』注5にて著者の芳賀繁氏は、実験によりヒューマンエラーが1/6になることを確認しています。理由として、注意の方向づけ、多重確認の効果、脳の覚醒、焦燥反応注6の防止を上げています。

　芳賀氏は一方で、指差呼称への過度な期待は、個人責任への転嫁や形骸化を招くことにも注意を促しています。芳賀氏の懸念どおり、形骸化しやすい動作であり、本書では推奨まではしていません。

　しかしながら、私は、やっています。徹夜の作業時に体を動かすこと、エンターキーを押す前に一呼吸いれて再確認することで防げるミスがあるはずです。試してみてはいかがでしょうか。

---

注5）『失敗のメカニズム　忘れ物から巨大事故まで』／芳賀繁［著］／角川書店（2003年）
注6）焦燥反応は、焦りの気持ちから本来の判断をせずに動作・操作をしてしまうエラーのことを言います。

# このセクションの まとめ

このセクションでは、「復旧対応」プロセスについて解説しました。

・このプロセスの目的は、システム障害による業務影響の回避・拡大防止・復旧させるための対策実施

・そのためにすること
- ☑ 復旧の方針（対象と優先度）の合意をする
- ☑ 復旧対応策の調査を行う
- ☑ 復旧対応策を検討し決定する
- ☑ 復旧対応策の実施準備／実施する
- ☑ 復旧確認を行う
- ☑ 完了報告と体制の解除を行う

・成功させるための対応のポイント
- ☑ 想定外の事象が発生した場合は、一度中断し、すぐに報告する
- ☑ インフラ障害の復旧確認は、システムコンポーネントのステータスだけでなく、業務復旧やシステム全体に対して行う
- ☑ 復旧対応の失敗を見越しておく

　おつかれさまでした！　システム障害によるユーザ影響の回復を行うことができました。これで、システム障害対応は完了です。
　この後は、事後対応がいくつかあります。本書で定義するシステム障害対応ではありませんが関連が深いプロセスであるため、「イベントの確認」と併せて次のセクションで紹介します。

# 4.5 ◆ イベントの確認／事後対応

　本書で定義するシステム障害対応には含めていませんが、「イベントの確認」プロセスおよび復旧対応後の事後対応について簡単に解説します。

## 4.5.1 ◆「イベントの確認」プロセスとは

　「イベントの確認」プロセスは、障害対応フローでは以下にあたります。

| プロセス名 | イベントの確認 |
| --- | --- |
| 目的 | ・障害対応を含む他のプロセスにエスカレーションする<br>・監視を改善する<br>・モニタリング情報を分析し提供する |
| 主なタスク | ・システムアラートやユーザからの問い合わせをイベントとしてすべて処理する<br>・イベントの分類を行う |
| インプット | ・監視基盤から通知されたシステムアラート<br>・ユーザからの問い合わせ（チケット管理システムや電話など） |
| アウトプット | ・障害に該当するシステムエラーやユーザからの申告など、1つ以上のイベントを障害対応チームに連携する<br>・ユーザからの改善要望や、システム障害ではないイベントを他のプロセスに連携する |
| それぞれの役割 | 監視オペレーター・ヘルプデスク（自動化により人や組織が存在しない場合がある） |

## 実施されるタスク

「イベントの確認」プロセスでは、次に挙げるタスクを実施します。ただし、定型作業が中心であり、自動化できる要素も多いため、必ずしも人が行うものではないことに留意してください。

### ☑ 検出

システムエラーメッセージを運用者に通知する必要があるかを確認し、処理します。正規表現や、近年では自然言語処理(NLP：Natural Language Processing)のAIを利用し、メッセージのフィルタリングを行います。

### ☑ イベントの分類分けと対応

システムエラーメッセージには、システム障害に関連するものとそうではないものの両方が含まれます。イベントは「情報」「警告」「例外」に分けることができ、それぞれ対応が異なります。

**┃イベントの分類と基本的な対応**

| イベントの分類 | イベントの内容 | 対応 |
|---|---|---|
| 情報 | ・アプリケーションの正常終了通知<br>・インフラの正常起動の通知 | 記録だけ行う |
| 警告 | ・今は問題が起きていないが、今後起きる可能性がある通知(CPU／ディスク使用率の閾値超過、バッチ処理時間の遅延など) | 通知の傾向を確認し、システムやサービスの稼働状況に影響が出そうな場合にはエスカレーションを行う |
| 例外 | ・異常を示す通知(インフラ停止、大幅な遅延、業務アプリケーションから通知されるエラーメッセージ、ユーザからの連絡など) | システム障害対応として適切にエスカレーションを行う |

「情報」は、システム障害発生時には必要となる可能性がありますが、夜間にエンジニアを叩き起こすトリガーではありません。また、本プロセスで

使用する運用監視ツールで取り扱わずに、システムログのみで記録すること
もあります。

「警告」については、たとえば瞬間的にCPU使用率が90％を超えただけで
あれば問題にはならず、記録のみを行います。しかしながら継続的にCPU
使用率が上昇し、レスポンスの悪化が見られる場合にはエスカレーションが
必要になるでしょう。

「例外」については、組織によってはエスカレーションせず、ワークアラ
ウンド手順書を実行させクローズさせる場合があります。また、ユーザから
の連絡がシステム障害に関するものではなく改善要望であれば、サービスの
変更要求として管理していきます。

### ☑ イベントのステータス管理とクローズ

イベントのステータスを管理し、すべてのイベントが対応されているかど
うか確認を行います。エスカレーションした場合のクローズ条件は組織に
よって違いがあり、エスカレーションした時点でクローズするケース、エス
カレーションした先での状況を確認しクローズするケースがあります。どち
らでもかまいませんが、すべてのイベントが漏れなく対応されている必要が
あります。

### ☑ イベントのレビュー・分析

定期的にイベントの傾向を分析し、不要なイベントを抑止するなどの改善
施策を検討します。

### ● 必要なツールやドキュメント

必要なツールやドキュメントは、すべて運用管理ツールと呼ばれるものに
統合されているケースが多いです。Excelシートなどのドキュメントで運用
することも可能ですが、煩雑になりやすいので、ツール化・自動化を推奨し
ます。

☑ システムモニタリングツール（監視ツール）

　システムアラートメッセージの確認に使用します。

☑ イベント管理ツール

　すべてのイベントの分類やステータスを管理します。イベントの分類を行い、適切なエスカレーション先を管理します。

## ⬤ 対応のポイント

　定型作業が多いため、作業効率だけでなく迅速なシステム障害対応の開始のためにも積極的に自動化を行いましょう。

☑ 通知されるイベントをできる限り減らす

　特にインフラにおいては、多くのエラーメッセージは、実際には対応の必要がなく無視されるものが多いです。大量の無用な通知メッセージは、エンジニアを疲弊させるだけでなく、本当に必要な通知メッセージを見逃すことにつながります。無用な通知メッセージは、フィルタリングを活用して極限まで減らしましょう。

　運用ツールによるフィルタリングだけでなく、ユーザに公開するFAQサイトや業務マニュアルといったものも有効です。最近では、チャットボットが多く活用されています。これらは、ユーザの利便性を高めるだけでなく、問い合わせの数を減らし運用効率を向上させることもできます。

☑ 自動復旧を推進する

　特定のイベントに対する対応が定型的なものであれば、積極的に自動化を行いましょう。エンジニアやオペレータによる手作業を減らすことで運用効率が向上するだけでなく、作業ミスがなくなることで対応の品質が向上し、自動復旧によるシステムの回復スピードも上がります。

## 4.5.2 ◆ 事後対応について

　復旧対応後に必要となる事後対応として、どのようなタスクを実施する必要があるのか紹介します。

### ● 本格 (恒久) 対策

　4.4で実施した復旧対応が暫定的なものであり、今後同じ事象が起こる可能性がある場合には、恒久的な対策を実施します。たとえば以下のような対策です。

| 暫定的な復旧対応と恒久的な対策 |

| 障害事象と原因の例 | 暫定的な復旧対応の例<br>（今後も同事象が起こる） | 恒久的な対策の例<br>（同事象は今後起こらない） |
|---|---|---|
| ビジネスロジックアプリケーションの不具合により誤ったデータ更新が行われた | プログラムを改修せずにデータを直接エンジニアが修正することで業務を復旧させる | プログラムの改修とリリース |
| OSの不具合によりサーバが停止した | サーバを再起動させ、業務を復旧する | 不具合の対策がされたOSにバージョンアップする |

　通常のリリースと異なり、障害を起因としたリリースは時間的な制約があることが多いです。そのため、障害を引き起こした箇所の修正は行われたものの、意図せずに既存機能に問題を起こしてしまうデグレードといった問題が起きることがあります。

　デグレードを防ぐには、既存機能に対する十分なテストを行う必要があります。時間的な制約の中でテストの品質を担保するには、テストコードの品質を担保しながら開発を行うテスト駆動開発といった手法や、自動テスト／デプロイを実現するCI/CD環境の整備が有効です（→7.1.5）。

### ● 障害分析・再発防止策

　どうすればシステム障害を防ぐことができたのか？　対応は適切だった

のか？　といった事柄を分析し、根本的な原因を深堀りして対策を行います（→**8.1**）。システム障害対応に関連する活動の中で、障害を減らす効果があるのは再発防止策の策定です。システム運用の品質を上げていくために、必ず実施しましょう。

### ◉ 顧客向けの障害報告書

　システム障害の発生から終息までの経緯や対応内容、再発防止策などについて、顧客やステークホルダーに報告を行います（→**3.2.8**）。

## このセクションの　ま　と　め

　ここでは、本書の定義における「システム障害対応」には含まれないプロセスについて解説しました。

・「イベントの確認」プロセスには、以下のタスクが含まれる
　☑ システムアラートやユーザからの問い合わせをイベントとしてすべて処理する
　☑ イベントの分類を行う


・事後対応には、以下のタスクが含まれる
　☑ 本格（恒久）対策によって、今後同じ事象が起こらないようにする
　☑ 障害分析を行い、根本的な原因を分析したうえで、再発を防止するための対策を行う
　☑ 顧客やステークホルダーに向けた報告を行う

# 第5章

# 障害対応に必要な
# ドキュメント

　この章では、システム障害時に必要となるドキュメントについて解説します。特定の製品や技術要素に依存しないようにしていますが、解説するための例として登場することがあります。

　各ドキュメントの役割や、いつ作成し、どのようなシーンで、誰が使うのかを解説します。また、サンプルとともに使い方と作り方についても解説します。

　なお、本書での解説はあくまで一例となるため、現場ごとに適した形での運用を行う必要があります。

# 5.1 ◆ 障害対応フロー図

このセクションでは、障害対応フロー図について解説やサンプルを紹介します。

## 5.1.1 ◆ 障害対応フロー図とは

障害対応フロー図の役割を以下の表にまとめました。順に解説していきます。

**▌障害対応フロー図の役割**

| 目的 | 障害対応時における各担当の役割や全体の流れについて事前に認識を合わせる |
|---|---|
| 作成する<br>タイミング | 平常時 |
| 主な使用者 | 障害対応(予定)チーム、関係者 |
| 主に使用する<br>プロセス | すべてのプロセス。ただし、システム障害対応の担当者や関係者が対応に習熟している場合は、システム障害対応時には使用しない |

障害対応フロー図は、障害対応チームや関係者が、システム障害対応の全体的な流れや各自の役割を学び、共通認識を持つうえで有効な手段です。作業の承認行為などは特に重要な活動であるため、明記しましょう。監査などで証跡が必要になるケースもあります。

また、システム障害対応訓練のインプットとして使用し、対応の流れや役割に問題がないか確認することも、対応品質の向上に効果的です。

作成方法は、通常の業務フローの作成方法と違いはありません。既存の業

務フローがあるのであれば、フォーマットなどを揃えることで導入時の抵抗が少なくなる可能性があります。縦向き、横向きどちらのフォーマットでもかまいません。

## 5.1.2 ◆ 障害対応フロー図のサンプル

　以下に障害対応フロー図のサンプルを掲載します。このサンプルでは、作業のプロセスを縦に、対応チームや関係者、組織などを横に並べる縦向きのフォーマットになっています。なお、本書では、紙面の都合上プロセスごとに分割して掲載していますが、実際には1つのフロー図にする必要があります。

**▌障害対応フロー図（「検知・事象の確認」プロセスを抜粋）**

システム障害発生時は、原則以下のフローに従って対応します。
システム障害の定義は、「リリース後のシステムにおいて、システムの不具合やユーザ側の操作ミスで、ユーザ業務に影響が出ている。もしくは出るおそれがあるもの」です。

（次ページの図へ続く）

## ▌障害対応フロー図（前図の続き。「業務影響調査」「原因調査」「復旧対応」プロセスを抜粋）

（次ページの図へ続く）

**障害対応フロー図（前図の続き。事後対応に関わる部分を抜粋）**

| | 障害対応チーム | | | A社システム<br>管理課 | 重大障害<br>対策本部 |
|---|---|---|---|---|---|
| | インシデントコマンダー | 記録担当 | 作業担当 | | |
| 事後<br>対応 | | | | 「復旧対応」<br>プロセスより<br>↓<br>事後対策フロー参照<br>障害報告書、本格対策の実施、再発防止策の検討 | |

　例示した障害対応フロー図では、障害対応チーム以外に、顧客（委託元）の担当者や、重大なシステム障害時に経営レベルの判断を行う対策本部などがあるという想定になっています。実際のシステム障害対応においては、このフロー図に従い、電話やメールなどのコミュニケーションツールを使って関係者間での連携を行います。

　システム障害対応に関わる組織や担当が増えた場合には、フロー図は横に広がっていきます。たとえば、他に開発チームがいる場合はエスカレーションして共同で対応することになりますから、開発チームの欄を増やし、作業フローを記述します。

　障害対応フロー図の記載方法は、通常の業務フロー図との大きな違いはありません。そのため、組織によっては記載の粒度に以下のような違いが出てきます。

・部署レベルで書くか？　担当者レベルで書くか？
・作業レベルで書くか？　工程レベルで書くか？

　本書のサンプルでは、障害対応チームの役割を明確にするために粒度を細かくしています。ヘッダ行を「チーム」「担当者」の2段構成にすることで、他の担当部署の記載粒度と合わせています。作業の単位は、4章で解説したプロセスをベースにしています。

障害対応フロー図は、障害対応訓練などで使用しましょう。矛盾がないかチェックし精度を高められるとともに、関係者に対応の流れを周知することができます（→**8章**、→**10章**）。

## このセクションの **ま** **と** **め**

障害対応フロー図は、障害対応チームや関係者が全体の流れや各自の役割を学び、共通認識を持つために使用します。

・どのように使うのか
- ☑ 平常時に作成し、事前に障害対応チームや関係者の認識を合わせておく
- ☑ 障害対応訓練のインプットとしても使用し、対応の流れや役割を確認する

・どのように作るのか
- ☑ システム障害対応に関係する役割を軸に、システム障害対応の各プロセスでどのようなことを行うかフローチャートとしてまとめる
- ☑ 縦向き・横向き、どちらのフォーマットでも良い
- ☑ 既存のフォーマット（業務フロー図など）があればそれに準ずることを推奨

## 5.2 オンコールシフト表と連絡先管理表

このセクションでは、オンコールシフト表と連絡先管理表を取り上げます。役割や使用方法、作成方法について解説するとともに、ドキュメントのサンプルを紹介します。

### 5.2.1 オンコールシフト表・連絡先管理表とは

オンコールシフト表と連絡先管理表の役割を以下の表にまとめました。順に解説します。

▍オンコールシフト表・連絡先管理表の役割

| | |
|---|---|
| 目的 | いつ誰がオンコールを受けるのか認識を合わせる<br>ローテーションを組んで負荷を平準化させる<br>システム障害対応時における関係者の連絡先を管理する |
| 作成する<br>タイミング | 平常時 |
| 主な使用者 | 障害対応チーム |
| 主に使用する<br>プロセス | すべてのプロセス |

システム運用をオンコール体制で行っている場合は、オンコールシフト表を作成します。このドキュメントは、Excelなどを使って作成しても良いですし、オンコールシフト表を作成したうえでGoogleカレンダーと連携できるようなツールもあります。

オンコールシフト表を作成する際には、担当者がいない時間を作らないよう注意する必要があります。担当者が電話に出られない可能性を考慮し、コー

ル順を決めておく必要もあるでしょう。特定の担当者に負荷が集中しないよう、ローテーションを組むように作成します。

　オンコールシフト表と併せて、連絡先管理表を使ってシステム障害対応時の関係者の連絡先を管理します。連絡先が整理できていないと、障害発生時に連絡がつかず、対応に遅れが出てしまいます。障害対応チームの関係者はもちろん、顧客、関係チーム、製品ベンダーのサポート窓口など、システム障害対応時に必要な連絡先を事前に整理し、管理表にまとめておきましょう。

　連絡先管理表を作成した結果、他組織の特定の役割を担う人の体制が脆弱である場合（たとえば1人しかいないなど）は、担当者に連絡がつかない場合にどうすれば良いかを確認しておきます。そのうえで、たとえばその担当者の上長なども連絡先に加えます。

　また、障害発生時に関連するメンバーを同報メールに設定しておき、情報を一斉配信することも有効です。ただし、同報メールは宛先に誰が含まれているのかがすぐにわからないため、メンテナンスを怠ると必要な人に情報が届かないことにもなるので注意が必要です。

　最近は、メールではなくSlackなどにチャンネルを作り、そこで障害情報を共有するChatOpsと呼ばれる手法も増えていますので、各組織の状況に合わせて利用を検討しましょう。

　システム障害のレベルに応じて連絡先が変わることが一般的ですので、障害レベル管理表と一緒に管理しておきましょう（→5.3）。

　こういった体制図に関するドキュメントは、組織変更時に更新が漏れてし

**┃オンコールシフト表の例**

オンコールシフト 日中5:00〜22:00　夜間22:00〜5:00

| コール順 | 8/1（木） | | 8/2（金） | |
|---|---|---|---|---|
| | 日中 | 夜間 | 日中 | 夜間 |
| 1st | A | C | B | D |
| 2nd | B | D | C | A |
| 3rd | C | A | D | B |
| 4th | D | B | A | C |

まうことがよくあります。特に、自チームの連絡先は管理できていても、他組織の連絡先を管理できず陳腐化しやすい傾向にあります。障害時の連絡の重要性を関係者にも理解してもらい、連絡先のメンテナンスに協力してもらいましょう。

また、ルールの周知も重要ですが、変更を担当者任せにせずに定期的な棚卸しを行うことも有効です。そして障害対応訓練でも使用し、形骸化を防ぎます（→**8.2**、→**10章**）。

## 5.2.2 ◆ オンコールシフト表・連絡先管理表のサンプル

以下は、オンコールシフト表と連絡先管理表のサンプルです。

オンコールシフト表は、1日を日中と夜間で分けます。このサンプルでは、それぞれの時間帯をシステム担当であるA、B、C、Dの4人が担当します。負荷を平準化させるために、コール順を変えていきます。日中帯にコールを受ける可能性が高い人は、夜間帯にコールを受けづらいように設定しています。

連絡先管理表は、システムトラブル時の同報メールアドレス、システム担当者である障害対応チームの連絡先、関係者の連絡先、そして重大障害時の連絡先を記載しています。

また、電話に出なかった（出られなかった）場合の連絡方法についても関係者と合意しておき、それも併せて追記しています。

| 8/3（土） | |
|---|---|
| 日中 | 夜間 |
| C | A |
| D | B |
| A | C |
| B | D |

**■連絡先管理表の例**

| 障害連絡同報 | メール | 電話 |
| --- | --- | --- |
| 同報メール | XXXX@example.com | － |

| 障害対応チーム連絡先 | メール | 電話 |
| --- | --- | --- |
| Aさん | AAAA@example.com | 0XX-XXXX-XXXX |
| Bさん | BBBB@example.com | 0XX-XXXX-XXXX |
| Cさん | CCCC@example.com | 0XX-XXXX-XXXX |
| Dさん | DDDD@example.com | 0XX-XXXX-XXXX |

| 関係者　連絡先 | メール | 電話 |
| --- | --- | --- |
| Z社システム運用課 Xさん | ZZZZ@example.com | 0XX-XXXX-XXXX |
| Z社システム運用課 Y係長 | YYYY@example.com | 0XX-XXXX-XXXX |

※＜Z社担当に電話がつながらない場合＞
　メールをしたうえで、留守番電話にメッセージを入れること

| 本社危機管理室　連絡先 | メール | 電話 |
| --- | --- | --- |
| 危機管理室事務局 | KKKK@example.com | 0XX-XXXX-XXXX |

---

**Column　オンコールと労務管理**

　オンコールによって業務時間外に障害対応を行った場合は、時間外勤務になります。一方で、オンコール体制自体を勤務時間と見なすかは法的にも曖昧であり、拘束性によって判断されることが多いようです。医療現場でもオンコール体制は取られていますが、労務管理の問題になることも多く、手当を支給しているケースもあります。働き方改革の流れの中で、今後法的な整備も進む可能性があります。

本書では、オンコールがなくても良い体制として、フォロー・ザ・サン体制を解説しています（→**7.2.1**）。

このセクションの **ま と め**

　システム運用をオンコール体制で行っている場合は、オンコールシフト表を作成し、いつ誰がオンコールを受けるのか認識を合わせます。また、関係者の連絡先を管理することで、システム障害発生時にスムーズに連絡・連携を行うことができます。

・どのように使うのか
- ☑ 平常時に作成する
- ☑ ローテーションの抜けや漏れがないか確認する
- ☑ 負荷を平準化させる

・どのように作るのか
- ☑ 1日を日中帯、夜間帯に分割し、チームのメンバーを配置する
- ☑ 電話に出られない場合を考慮し、コール順を設定する
- ☑ 各時間帯の1stコールの担当者が次の時間帯も1stにならないようにするなど、負荷を平準化させるよう考慮する

# 5.3 ◆ 障害レベル管理表

　このセクションでは障害レベル管理表について解説します。管理表のサンプルも紹介しますので、ぜひ参考にしてください。

## 5.3.1 ◆ 障害レベル管理表とは

　**障害レベル管理表**の目的などを以下の表にまとめました。順に解説します。

▌障害レベル管理表の役割

| 目的 | システム障害の重大性を判断する基準とエスカレーション先を明確にし、関係者の認識を合わせる |
| --- | --- |
| 作成するタイミング | 平常時 |
| 主な使用者 | 障害対応チーム、CIO、ユーザ担当 |
| 主に使用するプロセス | 検知・事象の確認、業務影響調査 |

　**障害レベル**は、システム障害の影響度と緊急度によって判断されることが多く、事前にドキュメント化し、関係者に周知しておく必要があります。ここで規定した障害レベルに応じてエスカレーションする範囲が変わります。

　障害レベル管理表のメリットとして、さまざまなシステム障害の発生時に連絡先を迷うことがなく対応に集中できる点や、関係者が同じ優先度で対応にあたることが可能な点が挙げられます。また、システム障害対応訓練のインプットとしても使用し、システム障害対応時の判断に迷いが出ないか確認することで、対応品質の向上にもつながります。

企業規模にもよりますが、このドキュメントは横断的な規定であるため、各システム担当ではなく、品質管理組織などが作成・管理することが一般的です。このドキュメントを上位規定として、各システム担当は、もう一段階具体化した障害レベル判定ができるように整理しておくことを推奨します。

　ただし、あまり具体化しすぎると例外や想定外のケースに対応できないため、参考情報に留めるなどの注意が必要です。


　例：

　NWコアスイッチの障害：レベル1

　FAQサイトの障害：レベル3

　すでに、SLA（Service Level Agreement：サービスレベルアグリーメント）やSLO（Service Level Objective：サービスレベル目標）などが整備されている場合は、それらを有効利用しましょう。低いサービスレベルでユーザと合意できているものは、システム障害によって業務に影響が出ていても、低い障害レベルで管理するといった取り決めを行います。これにより、効率的な運用を行えるだけではなく、本当に守るべきサービスに対応を集中できるため、障害対応の品質面にも寄与します。

　エスカレーション範囲と連絡手段を規定し、関係者を含む集合アドレスやメーリングリスト（同報アドレス）などを作成しておくと、ブロードキャストによる迅速な連絡が可能になります。


## 5.3.2 ◆ 障害レベル管理表のサンプル

　以下に、障害レベル管理表のサンプルを記載します。このサンプルでは、障害レベルの基準を定めた「障害レベル管理表」と、基準に基づいて障害レベルを判定する「障害レベル判定表」を分けて表にしていますが、結合した表で運用しているケースもあります。

　障害レベル管理表によって、影響度と緊急度を「高」「中」「低」で判定します。

**▍障害レベル管理表の例**

| 障害レベル<br>基準 | 影響度 | 緊急度 |
|---|---|---|
| 高 | ・大多数のユーザに影響がある<br>・クリティカルな業務(企業間決済や人身に関わる) | ・影響がすでに出ている<br>・影響が拡大している |
| 中 | ・限られた業務に影響あり<br>・クリティカルではない業務に影響 | ・影響が出ているが回避する手段がある<br>・影響が出るまでに時間がある(そのサービスを利用する業務が翌日など) |
| 低 | ・ユーザ影響なし | ・影響が出ておらず、今後出る可能性が少ない |

障害レベル判定表では、影響度と緊急度の組み合わせで障害レベルを判定します。障害レベル1が最も重大な障害になります。

**▍障害レベル判定表の例**

| | | 緊急度 | | |
|---|---|---|---|---|
| | | 高 | 中 | 低 |
| 影響度 | 高 | 1 | 2 | 3 |
| | 中 | 2 | 2 | 3 |
| | 低 | 3 | 3 | 3 |

管理表で判定された障害レベルに応じて、エスカレーションレベル(範囲)が決まります。エスカレーションレベルは、連絡網やインシデント対応フローで表現し、障害レベル管理表には入れないケースもあります。エスカレーションレベル表は連絡先管理表(→5.2)との関連が深いため、マッピングして矛盾や漏れがないかを確認します。

**エスカレーションレベル表のサンプル**

| 障害レベル | 社内関係者 | 顧客 | 重大障害対策室<br>（経営・法務・広報<br>などを含む） |
|---|---|---|---|
| 1 | ○電話・メール | ○電話・メール | ○電話・メール |
| 2 | ○電話・メール | ○電話・メール | △メール連絡のみ |
| 3 | ○電話・メール | △メール連絡のみ | ― |

## このセクションの まとめ

　障害レベル管理表を作成し、障害の重大性を判断する基準とエスカレーション範囲を明確にして、関係者の認識を合わせます。重大性の異なるさまざまなシステム障害に対して、連絡先を迷わず対応に集中でき、関係者が同じ優先度で対応にあたることができるようになります。

・どのように使うのか
- ☑ 平常時に作成する
- ☑ 障害レベルの基準とエスカレーション範囲を明確にする
- ☑ 障害対応訓練のインプットとして使用し、対応時に判断に迷うことがないか確認する

・どのように作るのか
- ☑ 障害レベルは、影響度と緊急度などの組み合わせで決める
- ☑ 障害レベルごとにエスカレーション範囲を決める
- ☑ 重大なシステム障害の場合は、より上位レベルの関係者にエスカレーションする
- ☑ 連絡手段も決めておき、同報メール（メーリングリストや集合アドレス）なども活用する

# 5.4 ◆ 障害状況ボード

このセクションでは、障害状況ボードについて解説します。障害状況ボードの役割や、ボードに情報を記載する際のポイントを解説するとともに、具体的なサンプルを紹介します。適切な障害状況ボードを作成するには、障害対応の実践だけでなく、過去の事例なども参考に教育・訓練することを推奨します（→9章）。

## 5.4.1 ◆ 障害状況ボードとは

**障害状況ボード**は、システム障害対応時の必需品です。まず、障害状況ボードの役割などを以下の表にまとめました。

▌障害状況ボードの役割

| 目的 | 障害対応チーム内や関係者で、障害対応の最新状況を共有する |
| --- | --- |
| 作成するタイミング | 障害発生時 |
| 主な使用者 | 障害対応チーム |
| 主に使用するプロセス | 検知・事象の確認、業務影響調査、原因調査、復旧対応 |

システム障害対応時には、障害状況をビジネスチャットなどで共有することも多いです。しかしながら、チャットは常に情報が流れ続け、会話の履歴を追わないと状況がわからないというデメリットもあります。時系列は「経緯」「タイムライン」といった形で整理されますが、上から下に流れていくフロー型の情報と言えます。フロー型の情報は、災害対策の現場や自衛隊では

クロノロジー（クロノロ）[注1][注2][注3]と呼ばれています。まずクロノロを記載し、そこからカテゴリごとに情報を取りまとめる（例：患者一覧を作成、地図上に被災状況を記載）といった手法で情報管理が行われます。

障害状況ボードはストック型の情報で、チャットとは異なり同じ場所で最新の状況が更新され続けるため、現状把握に有効なドキュメントです。現場ではホワイトボードをWar Roomに設置して使用する場合や、Webホワイトボードを仮想War Room（Web会議）で使用することが多いです（→**6.4**）。

**┃障害対応状況を共有する際の情報タイプ［フロー型とストック型］**

| フロー型 | ストック型 |
|---|---|
| 時系列の対応状況<br>未整理のものは含まない | フロー型の情報を定点で<br>整理し情報を共有する |
| ◎ 比較的誰でも作成できる<br><br>× 障害対応メンバーが上から下まで読まないと理解できない（理解できないことが多い）<br>× 情報が流れてしまう<br>× 最新の状況をつかみづらい | ◎ 障害対応メンバーが一目で理解できる<br>◎ 必要な情報のみがカテゴライズされ配置される<br>◎ 常に最新状況をつかめる<br><br>× 記載には慣れや訓練が必要！（本書で主に解説） |

第5章 障害対応に必要なドキュメント

## 5.4.2 ◆ 障害状況ボードへの記載のポイント

途中参加した人も含めて、関係者が状況を正しく理解できるかどうか意識して記載するのがポイントです。記載はインシデントコマンダー、もしくは記録担当が行います。障害状況ボードへ記載すべき内容と、記載時に注意すべきポイントは以下のとおりです。

注1）「災害時の記録「クロノロジー」」／日本赤十字社　和歌山医療センター
https://www.wakayama-med.jrc.or.jp/webmagazine/detail.php?seq=215
注2）「東北防衛局の対処活動状況」／防衛省
https://www.mod.go.jp/rdb/tohoku/sinsaikiroku/para4.pdf
注3）「熊本地震クロノロジー」／熊本県
https://www.pref.kumamoto.jp/uploaded/attachment/50129.pdf

## タイトル

☑ 事象を1行で示せているか

☑ 一意になるか（システムIDなどを使う）

☑ 障害レベルや対応ステータスがわかるか

## 事象

☑ いつ、何が、どうなったかがわかるか

☑ 本来はどうあるべきかがわかるか

☑ 終息傾向なのか、拡大傾向なのか

## 業務影響・影響範囲

☑ 影響の有無両方が書かれているか

☑ 調査中や不明の場合、それが明記されているか

☑ 情報源が明記されているか

☑ 影響期間、サービス、条件がわかるか

☑ 発生した影響だけでなく、発生し得る影響、類似調査も記載されているか

☑ 調査の結果だけでなく、確認手段についても記載されているか

## 直接原因

☑ 事実か、仮説か

☑ 想定原因はすべて挙げられているか

☑ 類似調査の状況は記載されているか

## 復旧対応

☑ 対策内容、実施リミット、実績がわかるか

☑ 実施済みかどうかだけでなく、いつ、誰が実施したかがわかるか（責任を持たせる効果がある）

## 体制／連絡状況

☑ 誰が誰に連絡したか

☑ 関連チームの巻き込み状況は十分か

☑ 誰がインシデントコマンダーなのかわかるか

**更新時刻（いつ時点の情報なのかわかるようにするため）**

**システム構成と障害原因箇所のラフスケッチ**

**経緯（タイムライン）**

　障害状況ボードを記載する際は、以下の点に注意しましょう。

### Point 相対的な言葉はなるべく避ける

　相対的な言葉とは、「明日」「昨日」「1時間後」といった時間に関する言葉、「先方から」といった位置的な言葉などがあります。他との比較の上に成り立つ言葉であり、読み手の立場や状況によって意味が変わり認識相違の原因になることがあるため、「2024/1/21 17:09から」などとするのが望ましいです。ただし、相対的な言葉で指示すべきケースもあります。たとえば海外拠点など時差のある相手に対しては、「30分後」といった言葉のほうが伝わりやすい場合があります。

### Point 形容詞はなるべく避ける

　「大きい」「小さい」「遅い」「重い」といった形容詞は、個人の感覚に依存し、人によって認識が異なる可能性があります。そのため、なるべく具体的な数値などを使用します。

　とはいえ、「画面が遅い」といった申告があるのも現実であり、完全になくすことは難しいものです。そのため、裏とりを実施し、普段よりどの程度レスポンスが低下しているのか具体的な数値・事実を補記します。

### Point 記載方法は事前に決めておき、フォーマットを用意する

　どのような障害であってもボードへの記載方法は同じです。そのため、記載方法は事前に決めておきます。また、Webホワイトボードであれば事前にフォーマットを用意し、すぐに書き出せるようにしておきましょう。

### 5.4.3 ◆ 障害状況ボードのサンプル

　以下のサンプルは、4.3.2で解説したビジネスロジックアプリケーションのシステム障害ケースを例として記載しています。

▌障害状況ボードの記載例

障害レベル2：復旧対応中：発注履歴画面（ID：XXX）発注金額表示不正

2023/12/19 17:00 時点

【事象】
2023/12/19からX社の発注履歴画面で商品Aの税込金額が二重計上されている
100円の商品Aが、110円ではなく121円として表示

【業務影響、影響範囲】
商品Aを購入したユーザの発注履歴金額が誤って表示される
影響ユーザは現在調査中
他の商品は問題なし（X社にて確認済み）
発注履歴テーブルの税込金額を使用するのは発注履歴のみ

エンドユーザより指摘あり。X社A氏より当社に連絡

【直接原因】
調査中→原因判明
発注履歴テーブルの商品A税込価格が不正
発注履歴計算処理：調査済み（正しいロジック）
→入力データ不正：商品マスタの税抜金額が税込価格になっていたため二重計上された（X社のミス）

【暫定対応】
・商品A購入ユーザに、X社から個別連絡フォローの予定
→商品Aを購入したユーザリストを、当社CよりX社A氏へ送付予定。14時完了予定
・すでに作成された発注履歴はSEフォロー要　19時実施　手順作成済み（発注処理担当：B）
・商品Aの在庫を0に修正（X社実施済み：9時）
・正しい値への修正は、X社側で商品マスタを修正予定
→2023/12/19夜間バッチで取り込まれ、洗い替えされる想定

【体制連絡先】
顧客：　　　X社 A氏
TEL：090-XXXX-XXXX（Bから連絡済み）
IC:発注処理担当　B　8-6-xxxx

【経緯】
2023/12/19 9:00　A氏より発注履歴画面に関する問い合わせ　発注履歴の金額が違うとのこと

2023/12/19 9:10　発注処理チーム（インシデントコマンダー B）で調査開始
2023/12/19 9:15　障害レベル2で緊急メール発報
2023/12/19 10:10　影響ユーザ調査開始
・
・
・
＜省略＞

　関係者への作業指示・依頼状況に関しては、☑のような表現をしてつぶし込みができるような方法も考えられます。また、普段から該当ツールを使っている場合に限られますが、障害対応用のカンバンツールなどを用意し、タスク状況を確認しても良いでしょう。

ホワイトボードなどの物理的な障害状況ボードは、速やかに電子化（写真を撮るなど）し記録として残します。

障害対応の状況次第では、1枚に収まらない可能性があります。その場合は、2つ目のホワイトボードを運んできます。裏面は使い勝手が悪いのでメインとしては使用せず、メモ書きレベルにしておくことが多いです。経緯の情報は長くなる可能性があるため、ホワイトボードは分けておきます。

また、ちょっとした工夫ですが、障害対応中に離席する場合や、障害対応後に記録として使用したい場合は、「○月○日までは消さないで」と書いておきましょう。ちょっと離席した瞬間に、別のチームに持っていかれて消されてしまうことを防ぎます。

## このセクションの まとめ

障害状況ボードを作成し、システム障害対応チーム内や関係者で、障害対応の最新状況を共有し、迅速で適切な意思決定を可能とします。

・どのように使うのか
- ☑ システム障害対応時に作成する
- ☑ 対策室やWar Roomに設置し、現在のシステム状況・障害対応の状況を確認する
- ☑ 対応の記録のために使うこともある

・どのように作るのか
- ☑ インシデントコマンダーもしくは記録担当が記載する
- ☑ 障害事象、業務影響、原因、復旧対応、連絡状況、障害を起こしているシステムの構成図などを簡潔に記載する
- ☑ 途中参加した人も含めて関係者が状況を正しく理解できるかどうかがポイント

障害状況ボードに使うツールは何が良いか

　システム障害が発生した際に障害状況ボードとして使われるのは、多くのケースでホワイトボードですが、複数のツールを併用するチームもあります。ホワイトボード、Webホワイトボード、電子黒板の主な特徴を以下にまとめました。システム障害対応チームの構成や環境を考えて選ぶと良いでしょう。

▌ツールごとの特徴

| | ホワイトボード | Webホワイトボード | 電子黒板<br>(Surface Hub<br>など) |
|---|---|---|---|
| 記録として使えるか？ | △（写真を撮るなど） | ○（記録が残る） | ○（手書き保存、PC文字入力可能） |
| 手書きで図示可能か？ | ○ | △（マウス操作や資料の貼り付けで代替） | ○ |
| 遠隔地から見えるか？ | ×（写真を撮って送るなど） | ○ | ○ |
| 価格 | ○ | ○ | ×（高額） |
| 操作習熟 | ○ | △（平常時も使用していれば○） | △（平常時も使用していれば○） |

# 5.5 ◆ 作業タイムチャートシフト表

このセクションでは、作業タイムチャートシフト表について解説し、具体的なサンプルを紹介します。

## 5.5.1 ◆ 作業タイムチャートシフト表とは

長丁場になるシビアなシステム障害対応においては、チーム全員を全時間帯に張り付けて対応させてはいけません。臨時のシフトを組み、メンバーに休息をとらせながら、必要なタイミングでキーマンを配置していきます。こうした目的を達成するため、作業タイミングとメンバーのフォーメーションを合わせて管理するものが、**作業タイムチャートシフト表**です。

**▌作業タイムチャートシフト表の役割**

| | |
|---|---|
| 目的 | 長丁場になる障害対応において、臨時のシフトを組み労務負荷を平準化させる<br>疲労による作業ミスを防ぐ |
| 作成する<br>タイミング | 障害対応時 |
| 主な使用者 | 障害対応チーム |
| 主なプロセス | 業務影響調査・原因調査・復旧対応 |

このドキュメントが登場するということは、システム障害対応が長時間におよび、常時立ち会いが必要な、かなりシビアな状況にあると言えます。

こうした状況では、兵站を行う必要があります（→**3.2.6**）。また、全員を全時間帯に張り付けて作業を行う（作業の合間に椅子を3つ並べて寝るなど）

と疲労が溜まり、作業ミスを誘発します。そこで作業タイムチャートシフト表を使い、作業担当やインシデントコマンダーを必要な障害対応作業に割り当てられているか、休息はとれているかなどを確認します。

作成する際には、まず作業タイムチャートを作成し、各時間帯・作業タイミングにおいてキーマンとなる人間をどこに配置するか検討します。キーマンをすべての時間帯に配置したいという気持ちは抑え、必ず休息をとらせましょう。

作成した作業タイムチャートシフト表は、必ず関係者に展開し、窓口を宣言します。この作業を怠ると、休息をとるべきメンバーに連絡がきてしまいます。

近隣の宿泊施設などを用意し、オンコール体制で休息させる場合には、宿泊施設の連絡先も記載しておくと良いでしょう。疲労が溜まっているメンバーは、熟睡してしまい電話やアラームが鳴っても気付かないことがあります。こうした場合に、宿泊先に連絡する必要があるためです。

食事の手配も必要です。近隣で食事をとることができるのであれば、各メンバーが時間をずらしながら食事を行います。近隣で食事をとることができ

**▌作業タイムチャートシフト表の役割**

宿泊施設名・連絡先・住所
XXXXXXXXXXXXXXX TEL：XX-XXXX-XXXX

ない場合や、不幸にも食事に出ることすら難しい場合は、差し入れやデリバリーを手配します。

## 5.5.2 ◆ 作業タイムチャートシフト表のサンプル

　以下のサンプルは、丸2日分の作業タイムチャートシフト表です。昼夜にわたり、復旧対応作業が断続的に行われ、定期的な対策本部確認会があります。キーマンとなるインシデントコマンダーは、必ず対策本部確認会に出席するようにしています。

　昼番と夜番に体制を分けて、引き継ぎの時間帯を設けています。夜間帯には、インシデントコマンダーは近隣の宿泊施設で休んでいますが、問題が起きた場合はオンコールでかけつけるようにしています。

　この例では、限られた要員でどのように運営するかを表現しています。そのため、インシデントコマンダーが1人の想定で記載していますが、スキルのあるメンバーが他にもいるのであれば、かけつけではなく、各時間帯で別々の人間がインシデントコマンダーを担うやり方のほうが良いでしょう。

| | | | | | | | | | | 8月2日 | | | | | | | | | | | | | | |
|---|---|---|---|---|---|---|---|---|---|---|---|---|---|---|---|---|---|---|---|---|---|---|---|---|
| 0 | 1 | 2 | 3 | 4 | 5 | 6 | 7 | 8 | 9 | 10 | 11 | 12 | 13 | 14 | 15 | 16 | 17 | 18 | 19 | 20 | 21 | 22 | 23 | 0 |
| | | | | | | | | | ★ | | | | | | | | | | | | ★ | | | |
| | | | | | | | | ★ | | | | | | | | | | | | ★ | | | | |
| | | | | | | | | | | | | | | | | | | | | | | | | |
| | | | | | | | | | | | | | | | | | | | | | | | | |

# このセクションの まとめ

　長丁場になるシビアな障害対応において、臨時のシフトを組み、作業タイミングとメンバーのフォーメーションを合わせて管理するのが作業タイムチャートシフト表です。

・どのように使うのか
- ☑ 誰がどのタイミングで対応を行うか、そして休むのか認識合わせを行う
- ☑ 窓口となる人間を決め、関係者にも通知する

・どのように作るのか
- ☑ まず作業タイムチャートを作成する
- ☑ キーマンとなる人間をどこに配置するか検討する
- ☑ 必ず休息をとらせ、近隣の宿泊施設を用意した場合は連絡先を記載する

　本章では、システム障害対応に必要なドキュメントを解説しました。障害対応時に作成するドキュメントの種類は多くありません。多くのドキュメントは、関係者の認識を合わせる目的や、連絡先などの障害対応に必要な情報として、事前に（平常時に）作成しておくものです。

　ドキュメント全般に言えることですが、同じ情報を複数のドキュメントで管理することは、メンテナンス負荷の上昇につながるため推奨しません。本書のとおりにドキュメントを分割する必要はなく、たとえば連絡先が他のドキュメント（危機管理の規定など）に記載されているのであれば、そちらを参照するようにしても良いでしょう。

　次の章では、特に大規模なシステム障害時のコントロールで使用するツールについて解説します。

# 第6章

# システム障害対応力を高めるツールと環境

この章では、システム障害への対応力を高めるためのツールや環境について解説します。特定の製品や技術要素に依存しないようにしていますが、解説するための例として登場することがあります。

すでに一般的なシステム監視のツールや手法は多く世に出ていることから、本書では、大規模障害にスコープを当てたツールや環境について解説します。

まず6.1では、大規模障害のコントロールでどのような課題があるのかを解説します。そして以降のセクションで、障害対応を支援するためのツールや環境について、どのような目的で、誰が、どのプロセスで使用するか解説します。

# 大規模システム障害の コントロール

　このセクションでは、大規模なシステム障害をコントロールするうえで、どのような課題があり、課題を克服するために必要となるツール・環境とは何かを解説します。

## 6.1.1 ◆ システム運用のための監視環境と通知環境

　システムを運用するためには、システムの監視を行う環境や通知環境（必要なアラートが電話などでオンコール担当者に連絡される仕組み）が必要になります。主なシステム監視を以下の表に挙げます[注1]。

**｜主なシステム監視**

| 種類 | 概要 |
|---|---|
| ビジネス監視 | ログイン数、注文数、購入のレイテンシなど(ITサービスがビジネスにどれだけ貢献したか) |
| フロントエンド監視 | ユーザの見ているページのページロード時間などを計測する外形監視など |
| アプリケーション監視 | アプリケーション内部監視、APM(Application Performance Monitoring)など |
| サーバ監視 | CPU、メモリ、ディスクの稼働状況など |
| ネットワーク監視 | SNMP監視、フロー監視など |
| セキュリティ監視 | auditd、IDS監視など |

---

注1) 本書では、各監視の実装方法についての詳細解説を行いません。もし、監視の実装について課題があるのであれば、すでに素晴らしい書籍がありますので、そちらを読むことをお勧めします。
『入門 監視―モダンなモニタリングのためのデザインパターン』／Mike Julian[著]／松浦隼人[訳]／オライリー・ジャパン(2019年)

これらの基本となる監視構成によって、アラート内容がメールや電話などで担当者に通知されます。では、その後システム障害対応を行うにはどのようなツールや環境が必要になるのでしょうか。

次からは、特に大規模なシステム障害のコントロールを支援するツールや環境について解説します。

## 6.1.2 ◆ 大規模なシステム障害コントロールの課題

多くのユーザに影響が出たり、複数サービスに影響が広がったりする大規模なシステム障害は、コントロールが難しくなります。その原因は情報量の増加にあります。

**┃ 大規模システム障害は情報量が多く錯綜する**

システム障害が大規模になると、大量のシステムアラートが発生し、システム障害対応チームの障害検知や調査作業が難しくなります。

必然的に、インシデントコマンダーにはさまざまな粒度の情報が数多く、頻繁に報告されることになります。システムの状況に関する報告だけでなく、作業の状況報告もあります。インシデントコマンダーは、情報を取りまとめ、

取捨選択しながら関係者に報告を行います。関係者からは頻繁な報告が求められます。

　リモートで対応するメンバーがいれば、電話、メール、チャットなどでコミュニケーションを行う必要があります。これも関係者が増えてくると、集合することすら容易ではなく、右往左往することになります。

　こういった情報量の増大に起因するシステム障害対応コントロールの課題については、ツールや環境面で改善できる場合があります。

# 6.1.3 ◆ 大規模システム障害対応を支援するツールや環境

　大規模システム障害における情報のコントロールを支援するツール活用や環境整備手法には、以下のようなものがあります。

### ◉ 関係者の集合場所を用意する

　システム障害対応は複数の関係者による同期コミュニケーションが必要です。そのためには、物理的もしくは仮想的（Web会議）に関係者が集合できる場所が必要です。これはWar Room、緊急対策室、現場指揮所などさまざまな呼称がされていますが、本書ではWar Room（→**6.4**）として解説します。

### ◉ 共通認識を持つための一枚絵で流れる情報量を減らす

　インシデントコマンダーの語源でもあるICS（Incident Command System）では、COP（Command Operational Picture）として定義されています。たとえばテレビドラマなどで、司令室にある大きなモニターに地図などが表示されているのを見たことがありますか？　あれもCOPです。

　関係者の間で共有が必要な情報を一枚絵で表現することで、効果的な情報共有を可能にし、共通認識を持てるようにします。本書ではWar Roomダッシュボード（→**6.3**）として解説します。

### ◉ 適切なコミュニケーションツールを使う

　電話、チャット、テレビ会議、メールなどさまざまなコミュニケーション

ツールがあり、それぞれに特性があります。適切なツールを選択することで、情報の錯綜や漏れ、滞留を防ぐことができます。

**| システム障害対応力を向上させるツールや環境**

集約された、
リアルタイムな情報
全員が同じ情報を
参照可能

↓

障害対応組織の間を
流れる情報を減らす

ダッシュボード

関係者

インシデントコマンダー

障害対応チーム

適切なコミュニケーションツール
電話、チャット、テレビ会議、メールなど

**War Room**
障害対応組織の関係者が集まる物理的（もしくは仮想的）な部屋

## 6.1.4 ◆ 大規模システム障害に備えた環境整備のポイント

　大規模なシステム障害に備えるため、高額な統合管理製品を購入したり、設備投資を行ったりしても、有効に機能していないケースは多いようです。単一のチームやシステムで導入する監視ツールの場合、課題は技術的なものがほとんどですが、大規模なシステム障害時には別の問題が生じます。大規模障害に備えた環境を整備するためのポイントは以下のとおりです。

**●Point 複数の組織の文化的な統合を行う**

　大規模システム障害は複数のサービスに影響するため、多くのチームが対応に参加します。このとき、チームAとチームBで使っているツールや手法が異なると、せっかく導入したツールを活用できません。

　こうした問題は、コミュニケーションツールにおいて特に多く発生します。

2.2.3でも触れましたが、各チームのプロセスの見直しとセットでツールの導入を進める必要があります。

### ▶Point 普段使いできるツールを選び形骸化を防ぐ

　大規模なシステム障害は、それほど頻発はしないものです。大規模なシステム障害向けに導入されたツールは、自ずと使われる機会が限られるため、いざというときに誰も使い方を知らないといったトラブルにつながることがあります。ツールを利用する際に複雑な手順を用いない、平常時でも使える環境やツールを選ぶといった対策をし、形骸化を防ぎましょう。

### ▶Point 組織レイヤごとに情報の見せ方を変える

　COPやWar Roomダッシュボードは、概念としては理解しやすいのですが、導入は非常に難しいツールです。多くの関係者(特にシステム障害対応チームと経営レベルの関係者)にとって必要な画面のイメージが違うことから、導入できない、または導入しても使われないことが多くあります。

　組織レイヤごとに必要な情報を考えるうえで、本書ではC4Iを紹介します。C4Iは軍隊における情報処理の理論です。

#### ▌アメリカ海軍のC4Iシステム

Four layers of the networks of the US Forces ⒸPanda 51 (CC BY-SA 3.0) をもとに作成
https://ja.wikipedia.org/wiki/C4Iシステム#/media/ファイル:Four_layers_of_the_networks_of_the_US_Forces.png
https://creativecommons.org/licenses/by-sa/3.0/

武器統制 (Weapons Control) や兵力統制 (Force Control) などといった現場指揮レベルでは、高いリアルタイム性と狭い範囲の粒度の細かい情報が必要になるため、CTP (Common Tactical Picture) を利用します。一方で、全体の兵力調整 (Force Coordination) を行う場合は、リアルタイム性は低いものの、広い範囲で粒度の粗い情報を取り扱い、COPを利用します。

システム障害対応においても同じことが言えます。システム障害対応に携わる組織レイヤに合わせて、情報の範囲や粒度を変える必要があるのです。

障害対応チームには、粒度の細かい単一システムのリアルタイムモニタリング情報を集約したシステム監視ダッシュボードが有効であり、これは前述したCTPに相当します。主に担当システムの調査や復旧作業に必要な情報を表示します。

指揮を行うWar Roomには、障害対応チームだけではなく、経営層や非IT部門を含むさまざまな関係者が参集します。そのため、COPに相当する粒度の粗い全体が俯瞰できるWar Roomダッシュボードを推奨しています。システムの稼働状況に関する情報は、システム監視ダッシュボードとWar Roomダッシュボードのデータソースを同じにするなどして情報に齟齬がないようにします。

**┃組織レイヤと必要な情報の範囲と粒度**
**組織レイヤに合わせて、情報の範囲や粒度を変える**

障害対応の意思決定は、時間的制約と情報過多（もしくは不足）の中で行うため、認知バイアスといった多くの心理的な阻害要因によって困難を極めます（→**4.3.4**）。正しい意思決定を行うためには、有識者による第三者的視点でのチェックなどチーム体制・プロセス面からのサポートや、現状を可視化するツールを整備し、情報過多を軽減することが重要です。

## このセクションの まとめ

　このセクションでは、一般的な監視項目とともに、大規模なシステム障害時の課題や必要となるツール・環境の概要について解説しました。

- ☑ 大規模システム障害では、システムアラートが増大し、さまざまな関係者が登場する
- ☑ 情報量の増大が原因で、コミュニケーションや意思決定の問題を引き起こす
- ☑ 情報のコントロールを支援するツールや環境が必要となる
- ☑ 現場層と経営レベルでは必要な情報の粒度やリアルタイム性が異なる

# 6.2 ◆ システム監視ダッシュボード

このセクションでは、システム監視ダッシュボードについて解説します。

## 6.2.1 ◆ システム監視ダッシュボードとは

**システム監視ダッシュボード**は、複数のモニタリング結果などを組み合わせ、必要な情報に絞り込んで見やすい形で表示するものです。システム監視ダッシュボードの目的などは以下の表のとおりです。

**｜システム監視ダッシュボードの役割**

| 目的 | システムの可観測性（Observability）を高め、障害調査時間の短縮、コミュニケーションを効率化する |
| --- | --- |
| 主な使用者 | 障害対応チーム |
| 主に使用するプロセス | すべてのプロセスで利用 |

ダッシュボードとは、複数のデータを収集・整形し、1つの画面に概要を表示するためのツールです。語源は自動車や航空機のダッシュボード（計器盤）です。

ダッシュボードと聞くと、BIツールで経営情報を一元管理するビジネスダッシュボードや企業ダッシュボードなどをイメージされる人も多いかもしれません。システム障害対応においてもダッシュボードは有効なツールです。Kibana、Grafana、Datadog、New Relicといったツールが有名ですが、JavaScriptライブラリを活用してスクラッチで開発することも可能です。収集・データ蓄積機能とセットになっているものと、別になっているものがあります。

システム障害対応時におけるシステム監視ダッシュボードには、以下のような効果が期待されています。

☑障害調査時間の短縮

　障害調査の際には、各システムのシステムログや管理ツールのステータスなど多くのデータソースにアクセスします。ダッシュボードに表示が集約されていれば、各モニタリングツールやログ調査のためにコンソールにアクセスする必要がなくなり、調査時間を短縮できます。

　また、データを蓄積することで統計的に表示することが可能なので、障害調査の気付きにもなります。


☑コミュニケーション効率の向上

　システム障害が大規模になると、多くの関係者と連携し、情報発信していく必要があります。また、インシデントコマンダーには作業担当から多くの情報が集まります。これらの情報は非常に多く、かつ情報の更新も頻繁です。ダッシュボードにリアルタイムの情報が集まることにより、障害対応チーム内での情報錯綜を抑止できます。


　ダッシュボードに表示する情報は監視項目次第であり、システムの特性に依存します。そのため、書籍内ですべてを挙げることはできませんが、代表的なものを紹介します。

▌ダッシュボードに表示する主な情報

| 情報の種類 | 概要 |
| --- | --- |
| メトリクス | サーバ死活監視、ディスクやメモリのしきい値に対する使用状況、プロセス監視、URL監視（外形監視）、リクエスト数など |
| ロギング | 断続的に発生するシステムエラーメッセージなど |
| トレーシング | 1つのリクエストにおいてどこにどれだけ処理時間がかかっているか追跡可能なAPM（Application Performance Monitoring）監視結果など |

## 6.2.2 ◆ ダッシュボードツールの選択・作成時のポイント

ダッシュボードツールを選んだり、作成したりする際に考慮すべきポイントは、運用監視ツールの選定と似ています。

基本的な事柄として、より多くのデータソースと接続できるものを選択します。(最近は少ないですが) 専用のクライアントツールではなく、ブラウザで扱えることが望ましいでしょう。コスト、サポートの充実についても考慮すべきです。

クローズドなネットワークに構築されているシステムの場合、SaaS版のツールを選択できないかもしれません。すでに、運用監視環境がクローズドなネットワークで構築されている場合は、思わぬ調整コストが必要になる可能性がありますので、セキュリティポリシーなどを確認しましょう。

その他に考慮すべきポイントは以下のとおりです。

### ）Point 表示画面の拡張性や権限による制限が充実している

柔軟な画面のカスタマイズが可能で、多くの部品が用意されているのが望ましいです。特に時系列のデータを扱う場合は、統計的な表示ができるかどうかは重要です。

また、複数のシステムに関する情報を表示しており、他システムの担当者には別のシステムの情報を見せたくないといった場合には、参照権限機能が必要になります。

### ）Point レスポンスが高速である

システム障害対応に使用するため、大量のモニタリングデータを高速なレスポンスで表示できる必要があります。導入前に十分なテストを行いましょう。最近はないと信じたいですが、大量の監視ノードを描画できず端末がハングアップし、まったく使いものにならない製品もありました。

### ）Point 通知基盤・コミュニケーションツールと連携できる

ダッシュボードを可視化するためだけに使用し、すでに別の通知基盤があ

るのであれば不要な機能かもしれません。監視機能、そして担当者への通知機能を必要としているのであれば、多くのコミュニケーションツールと連携できるものを選びましょう。オンコール体制で(寝ている)システム担当者を呼び出すのであれば、メールやチャットだけでは不十分で、電話が必要です。

## 6.2.3 ◆ ダッシュボードに効果的に情報を表示する

多くの監視ツールにはデータに適したグラフが用意されているので、それを利用するのが良いでしょう。一般的には、以下のような基準で選択します。

### 時系列データを表示する

時間を軸にした線グラフや棒グラフで表示します。しきい値がある場合は、しきい値の線も併せて表示し、しきい値までの余裕が視覚的にわかるようにします。

データ種別ごとの推移は、複数の線グラフで表示します。データ種別ごとに割合を表現する必要があれば、積み上げ面グラフや棒グラフで表現します。

### 時系列ではないデータを表示する

現在の値のみを表示するのであれば、数字そのものを大きく表示します。ステータスを表示する場合は、色で表現(赤・黄・緑)するのが良いでしょう。しきい値があるデータであれば、メーターや棒グラフの表現を利用します。

### その他のポイント

CPU利用「率」のように、最大値の決まっているものは簡単ですが、リクエスト「数」のような最大値が決まっていないデータは表現に注意します。突発的なデータ増加がある場合、動的に縮尺が変わる仕様だと他のデータが見えなくなる可能性があります。逆に、最大値を定めた仕様だと表示範囲外になってしまいます。このため、グラフだけでなく数値そのものも表示するようにしたほうが良いでしょう。

なお、多くの情報を無理に一画面に押し込む必要はありません。監視対象システム単位、ロギングやメトリクスといった監視種別ごとに切り替えて使うことが多いですし、複数のダッシュボードを使用することも可能です。

## このセクションの まとめ

　システム監視ダッシュボードは、システムの可観測性（Observability）を高め、障害調査時間の短縮、コミュニケーションの効率化を支援します。

・どのように使うのか
- ☑ ダッシュボードを利用することで、個々の機器にある監視情報を集めて調査を行う必要がなくなり、迅速に障害調査を行える
- ☑ 可視化された同一画面（情報）を参照してコミュニケーションを取ることで、迅速かつ適切な意思決定を行う

・どのように作るのか
- ☑ 各システムから監視情報（メトリクス、ロギング、トレーシングなど）を収集し、可視化する
- ☑ さまざまなデータを取り込むことができ、カスタマイズ性に優れた製品を選択する
- ☑ 要件に応じて参照権限などの機能要否を検討する

# 6.3 ◆ War Roomダッシュボード

このセクションでは、War Roomダッシュボードについて解説します。

## 6.3.1 ◆ War Roomダッシュボードとは

**War Roomダッシュボード**は、6.1.3で解説したCOPに相当します。主にWar Roomで表示し、インシデントコマンダーだけでなく各サービスマネージャー（直接障害の影響を受けていないサービスを含めて）や経営レベルの関係者が参照します。War Roomダッシュボードを通じて、システム状況に関する共通認識を持ちます。

War Roomダッシュボードの目的などを表にまとめました。

▌War Roomダッシュボードの役割

| 目的 | サービスマネージャー以上の関係者が障害状況に対する共通認識を持ち、適切な意思決定の迅速化、コミュニケーションの効率化を行う |
|---|---|
| 主な使用者 | インシデントコマンダー、各サービスマネージャー層（直接障害の影響を受けていないサービスを含む）、CIO、その他経営レベルの関係者 |
| 主に使用するプロセス | すべての障害対応プロセス |

インシデントコマンダーは、報告を行う際に各作業担当からシステムの状況をヒアリングし、それらの情報を取りまとめて関係者に説明を行います。これは非常に負荷の高い活動になります。

また、経営レベルで障害状況を把握する場合は、障害を起こしているシステムと同様に（もしくはそれ以上に）全体やコア業務への影響を気にすることが多く、障害対応チームと情報収集のベクトルが異なる点があります。

War Roomダッシュボードは、システムや業務の全体状況を表示し、イン

シデントコマンダーの情報収集負荷を軽減し、適切で迅速な意思決定を支援
します。

## 6.3.2 ◆ War Roomダッシュボードに表示する情報

　次に、War Roomダッシュボードに表示する情報について解説します。
War Roomダッシュボードは、システムの特性だけでなく利用する各企業の
業態にも依存するため表現方法はさまざまですが、次の特徴があります。こ
こでは、システム監視ダッシュボードとの違いとともに解説しています。

**▌War Roomダッシュボードとシステム監視ダッシュボード**

| | システム監視<br>ダッシュボード | War Roomダッシュボード |
|---|---|---|
| 使用者 | 障害対応チーム | インシデントコマンダー、関係者、直接障害の影響を受けていないサービスを含む各サービスマネージャー |
| 範囲 | 狭い<br>・単一のシステムやサービス群の監視情報 | 広い<br>・複数のシステム、サービス群<br>・システム以外の情報を含む |
| 深さ | 深い<br>・システムコンポーネント別の状況把握が可能（Webサーバ、データベースなど） | 浅い<br>・各サービス、システムの稼働状況のみ |
| 更新 | 早い（1分以下）<br>・監視状況がリアルタイムで表示される | 遅い（10分以下）<br>・システム以外の情報を含み、人が入力するケースもあるため更新は遅い |
| 表示する内容 | システム、サービスの監視情報<br>・ロギング、メトリクス、トレーシングなどを自動収集し表示する | 複数のシステム、サービスの稼働概況<br>・システム的に取得する場合は外形監視による稼働情報のみなど<br>・人手で入力する場合は各サービスマネージャーが概況を記入<br>・システム／サービス以外の情報（天候、災害情報やニュースの情報など） |

関係者が多いことから、イメージをすり合わせることが難しいツールです。そのため、いきなりすべてのコンテンツを作り込まずに、まずは基本的な情報から表示を行い、徐々にコンテンツを充実させていく手法が有効です。また、机上の議論をするよりも、実際のデータを取り込んで動かしてしまうのが良いでしょう。

　複雑な機能は不要です。初めて見る人が「この画面のこれはどういう意味?」と聞くようなものでは、実際のシステム障害対応で混乱を招いてしまいます。多機能で多くの情報を載せるより、必要最小限でシンプルな機能に絞り込むことが重要です。

　なお、ベースとなる情報が揃っていないとWar Roomダッシュボードを構築することができません。そのため、システム監視ダッシュボードの整備を優先させるべきです。

## このセクションの まとめ

　War Roomダッシュボードは、インシデントコマンダーの情報収集負荷を軽減し、適切で迅速な意思決定を支援します。

・どのように使うのか
　☑ War Roomなど、システム障害対応の関係者が集まる場で表示する
　☑ 同一の可視化された画面(情報)を参照し、コミュニケーションを取ることで、迅速かつ適切な意思決定が可能となる
　☑ システム障害対応における負荷の軽減にも繋がる

・どのように作るのか
　☑ 関係者のイメージをすり合わせながら、基本的なコンテンツからリリースする
　☑ 多機能にするよりも、誰でも理解できるシンプルさを重視する

# 6.4 ◆ War Room

このセクションでは、システム障害対応の関係者が招集されるWar Room について解説するとともに、サンプルを紹介します。

## 6.4.1 ◆ War Roomとは

War Roomは、名前のとおり軍事を起源とするもので、特定の条件下や目的において迅速な意思決定を行うための設備であり、現在では多くの企業でも活用されています。

前述したとおり、システム障害対応は複数の関係者による同期コミュニケーションが必要です。そのため、まず障害対応チームや関係者がWar Roomに集合し、対応にあたることが有効です。物理的な部屋もしくは、Web会議の仮想的な部屋に集合します。

War Roomの目的などを以下の表にまとめました。

▌War Roomの役割

| 目的 | 障害対応に必要な設備が揃った部屋を「事前に」用意し、関係者の参集を早め、迅速な意思決定と円滑なコミュニケーションを行う |
| --- | --- |
| 主な使用者 | 障害対応チーム、関係者 |
| 使用するプロセス | すべてのプロセス |

システム障害対応のたびに集合場所を決めるといった対応も可能ですが、事前にWar Roomを整備することで、次のメリットがあります。

- ☑ システム障害対応に必要な設備が揃っている
- ☑ どこに集合するかが決まっているため迷わない
- ☑ 関係者が、最新状況を入手するためにどこに行けば良いかわかるので、結果として障害対応チームへの問い合わせが減る

### ⚫ War Roomに必要な要素

　物理的なWar Roomに必要な要素として代表的なものは以下のとおりです。各現場に合わせて必要な整備を行いましょう（※は必要に応じて整備します）。

　腕章については、馴染みがないと思うので解説します。War Roomに入室した障害対応チームメンバーが、役割（インシデントコマンダー、窓口、作業担当など）に応じた腕章をつけます。腕章ではなくベストやストラップなどでもかまいません。これを使用することで、障害対応の「途中から」War Roomに入室した関係者が、「誰が何の役割を担っているのか」「最新状況を誰に聞けば良いのか」すぐにわかります。これにより、適切な情報を得られるだけでなく、作業担当は作業に集中できます。

　なお、データセンターなどのオペレーションルームでも腕章やベストを使用していることがありますが、これはセキュリティ強化が主目的です。

- ☑ 什器
- ☑ コミュニケーションツール（テレビ会議のための設備など）
- ☑ ホワイトボード＋マーカーなど（2〜3色用意し、十分なストックが必要です）
- ☑ 大きめのスクリーン（モニター）※
- ☑ War Roomダッシュボード※
- ☑ 入退室セキュリティ設備※
- ☑ 操作端末※
- ☑ 役割を示す腕章など
- ☑ War Roomの利用ガイド

## ● War Room導入のポイント

　これから新規拠点を開設するのではなく、既存のオフィス環境へのWar Room導入を検討しているのであれば、まずは通常の会議室を使用（占有）するところからスタートしましょう。ソフトウェアの修正と異なり、物理的な設備工事は修正が難しいため、まずは通常の会議室で導線の確認を行い、本当に必要な設備を検討しましょう。

## ● War Roomのセキュリティについて

　物理的なWar Roomに対して、必要以上に高度なセキュリティ設備を導入してしまうケースがありますが、推奨できません。システム障害の発生状況は広くオープンにし、組織全体で対応する必要があるため、システム障害の情報を入手したいと思った人は誰でも入室できるようにしておくことを推奨します。

　たとえば、無用な入退室セキュリティを設けた場合、障害対応に必要な人が入れないケースがあります。あらかじめ関係者の入室権限を登録しておく必要があるのですが、障害対応は未知の領域であり、当初想定していなかった人も入室する可能性があります。この場合は臨時入室のための手続きが必要になり、これに時間を要することで対応に遅れが生じます。

　これまで会議室で行っていた機能と同じであれば、会議室と同等のセキュリティレベルで十分です。

　ただし、War Roomから本番環境にアクセスしたいといった要件がある場合など、高度なセキュリティレベルに対応する必要が出てくるケースもあります。こうしたケースでは、コミュニケーションを取るための会議室レベルのWar Roomと、本番環境にアクセスするための高度セキュリティフロアレベルのWar Roomの2つを構築せざるを得なくなります。このような場合も、部屋をなるべく近付け、移動を最小限にします。そして、テレビ会議などで随時連携を取れるようにしましょう。また、たとえば隣り合う2つの部屋の壁を金網やゲートに変更し、往来はできないが両方の部屋で直接会話ができるようにするという対応策もあります。

　実際のシステム障害対応を経ないと、必要な導線がわからないこともあり

ます。重要なのは、いきなり重厚な設備を導入せず、最初は柔軟な変更を許容するつくりにしておくことです。また、8章および10章で解説しますが、大規模障害訓練によってWar Roomが正しく機能するかを検証することが有効です。操作端末の数が足りないといった問題を事前に把握できます。

## 6.4.2 ◆ War Roomのレイアウトパターン

ここからは、War Roomレイアウトのパターンをいくつか紹介し、その特徴や機能について解説します。

### ● パターン1：コの字型の配置

最もオーソドックスな、コの字型に人が配置されるレイアウトです。スクリーンやホワイトボードが見やすいだけでなく、課題に対して全員の視線が集まることで、人対人の構図を作らないようにできるという利点もあります。

▌パターン1：コの字型の配置

凡例

障害対応チーム：
インシデントコマンダー、
作業担当

関係者

机

ホワイトボードやスクリーン

チームが有効に機能している場合、ホワイトボードの前には多くの人が集まります。スペースは十分に確保しましょう。

### パターン2：対面配置

　こういったレイアウトは通常の会議室です。パターン1とは異なり、人対人の構図を作りやすいレイアウトです。どちらかというと、事後対応における障害報告時によく見られ、あまり推奨はしません。

▌パターン2：対面配置

凡例

障害対応チーム：
インシデントコマンダー、
作業担当

関係者

机

ホワイトボードや
スクリーン

### パターン3：扇形の配置

　パターン3は、航空・宇宙の管制室やプラント監視などで見られるレイアウトです。テレビドラマやアニメの司令室はこのイメージかもしれません。司令官（インシデントコマンダー）を起点に扇形に席を配置し、指示が全般に伝播しやすくなっています（画面に集中させたい場合には、逆扇型のラインに席を配置します。大学の講義室で見られるレイアウトです）。

　扇形にレイアウトされた席には、端末やパトランプ、複数のモニタが配置され、1人が多くのシステムを監視できるようにしています。リーダーの位置には段差を設け、一段高い位置から全体を見渡せるようなレイアウトにします。前の列にいくほど低く設計することもあるのですが、天井の高さの問題があるため、リーダーの席のみ高くするのが一般的です。

## パターン3：扇形の配置

凡例

端末やパトランプ

障害対応チーム：
インシデントコマンダー、
作業担当

一段高い位置から
リーダーが全体を見渡す

机

ホワイトボードや
スクリーン

　ただ、このレイアウトをWar Roomで採用するのは稀であり、オペレーションルーム（議論よりも作業の実行や監視が主活動）で採用することが多いでしょう。

　システム監視のオペレーションルームに行ったことがある人は、壁に大画面モニタがありオペレーター用の複数のモニタが並んでいる光景を見たことがあると思います。こうした環境で障害対応を主導していると誤解されることも多いのですが、障害対応方針を議論するための部屋やスペース（War Room）は、別に用意されていることが一般的です。

### ● パターン4：仮想War Room（Web会議）

　物理的な部屋を用意せず、関係者がPC／スマホでWeb会議に集合します。Web会議ツール、チャットツール、Webホワイトボード、War Roomダッシュ

ボードなどを用いてコミュニケーションと意思決定を行います。

　Web会議のURLは都度作成するのではなく、固定のURLにしておくことを推奨します。物理と同じく、集合場所を一定にすることで迷子を防ぎます。また、録画機能や文字起こし機能なども活用することで、証跡・報告書作成での活用・ふりかえりや教育コンテンツでの利用が可能となります。

　物理的なホワイトボードは使えないため、障害状況ボード（→**5.4**）は、Webホワイトボードツールなどを用いて画面共有・共同編集を行い作成します。Webホワイトボードは手書きの図示が難しいというデメリットがありますが、システム構成図を貼り付けるといった形で弱点を補います。

　Webホワイトボードには「事前に」障害対応で使うフォーマットを用意しておきます。フォーマットには、たとえば障害状況ボードの項目（→**5.4**）や、よく使うドキュメントのリンク、体制図・連絡先などが考えられます。Miroなどの専用製品、ZoomなどのWeb会議ツールに付属するもの、JIRA Confluenceなどの共同編集機能など多くのツールや手段がありますが、現場で普段使いしているものを採用することを推奨します。6.4.1で述べたとおり、障害対応に必要なものを事前に揃えておくことが仮想War Roomでも重要です。

▌パターン4：仮想War Room

Web会議室　Webホワイトボード

チャットツール

ダッシュボード・運用基盤

凡例

障害対応チーム：
インシデントコマンダー、
作業担当

関係者

**)Point** ハイブリッドリモートワークでは情報格差を作らないこと

ハイブリッド<sup>注2</sup>となる場合は、情報格差を作らないことが重要です。たとえば、出社しているメンバーが物理的なホワイトボードを使って議論を進めてしまい、リモートメンバーが議論に参加できないといったことは避けるべきです。こうしたケースでは、物理的なホワイトボードは使用せず、Webホワイトボードを物理War Roomのスクリーンに表示し、出社・リモート双方のメンバーが表示・編集できるようにします。もしくはハイブリッドを避け、完全に仮想War Roomに振り切るのも手段の1つです。

**)Point** 物理と仮想は現場文化と状況次第で決め、どちらも使えるようにする

「現場文化」とは、通常の業務がリモートメインなのか、それとも対面メインなのかということです。対面メインの現場で急にWeb会議を使用したとしても、接続に手間取る社員が出てくるでしょう。不慣れなツールは使うことができません。

一方の「状況」とは、制約事項です。通信障害や停電などによりWeb会議ができない場合もあります。災害時の渋滞、パンデミック、移動中などの理由で出社や対面会議ができない場合もあります。

そのため、原則として使用する環境は現場文化に合わせて定めておき、状況次第で切り替えることを推奨します。ツールの特性（→5.4）を理解して使い分け、事前に対応計画に反映し、訓練により習熟させることが重要です。

---

注2）障害対応に限った話ではないですが、リモートワークに関する参考書籍を紹介します。
『GitLabに学ぶ 世界最先端のリモート組織のつくりかた ドキュメントの活用でオフィスなしでも最大の成果を出すグローバル企業のしくみ』／千田和央［著］／伊藤俊廷、佐々木直晴［監修］／翔泳社（2023年）

## システム障害対応における
## コミュニケーションツールの比較

　現在では、多くのコミュニケーションツールがあります。それぞれの特性を理解して適切なツールを選びましょう。なお、平常時に使用していないツールを採用するのは避けるべきです。いざというときに使用方法がわからず混乱が起こります。

**代表的なコミュニケーションツールの比較**

| ツール | メリット | デメリット |
|---|---|---|
| 電話 | ・比較的多くの情報を早く伝えられる | ・1対1の情報伝達に限られる<br>・通話中は他の人が連絡することができない<br>・鳴り止まない電話によって行動が制限される<br>・記録が残らない<br>・災害時に回線が繋がらないことがある |
| テレビ会議、Web会議 | ・比較的多くの情報を早く伝えられる<br>・多対多の情報伝達が可能<br>・画面共有機能を持つツールが存在する | ・マイクなどの設備が必要になる<br>・比較的準備に時間がかかる<br>・記録が残らない<br>・回線が安定しないと接続が切れる |
| メール | ・1対多の情報伝達が可能<br>・記録が残る | ・多数の返信や転送が行われ情報が錯綜しやすい<br>・最新情報を追うのが難しい<br>・文章入力に時間がかかる<br>・同報メール（グループアドレスなど）の中身がメンテナンスされていないと問題が起こる |
| チャット | ・1対多の情報伝達が可能<br>・会話形式でのやり取りのため、メールより早く情報交換が可能<br>・既読機能により誰が読んだかわかる（ツールによる）<br>・発信済みのメッセージを訂正できる（ツールによる）<br>・記録が残る | ・最新情報を追うのが難しい<br>・多数の返信により情報が錯綜しやすい（メールほどではない）<br>・発信済みのメッセージを訂正できるため証跡として利用できないケースがある（ツールによる）<br>・複数のチャットツールが現場に乱立しやすい |

# このセクションの **まとめ**

　War Roomは、障害対応チームや関係者が集合し、コミュニケーションや意思決定を行うための物理的・仮想的な部屋です。

・どのように使うのか
　☑ 大規模システム障害の際は事前に決められているWar Roomに関係者が集合する
　☑ War Roomに準備された設備を利用しながら対応にあたる

・どのように作るのか（物理的な部屋の場合）
　☑ 障害対応に必要な設備（什器、コミュニケーションツール、ホワイトボード、War Roomダッシュボード、大画面スクリーンなど）を用意する
　☑ 推奨物理レイアウトはコの字型の配置

・どのように作るのか（仮想的な部屋の場合）
　☑ 事前に用意された固定URLのWeb会議ルーム、障害対応用フォーマットが整備されたWebホワイトボードなど
　☑ 録画・文字起こし・画面共有・共同編集などの機能を駆使してリモートのデメリットを補い、コミュニケーション効率を最大化する

・War Room運用時の注意点
　☑ ハイブリッドの場合は、どちらかに情報格差を作らないようにする
　☑ 物理と仮想のいずれを使うかは現場文化と状況次第で決め、どちらも使えるようにする

# 6.5 構成管理データベース (CMDB)

このセクションでは、構成管理データベース (CMDB：Configuration Management Database) について解説するとともに、サンプルを紹介します。

## 6.5.1 構成管理データベース (CMDB) とは

現在のIT業界では、構成管理という言葉は2つのイメージで使用されています。1つ目はインフラ構築の自動化・省力化 (Infrastructure as Code) を目的とした主にツール (Terraform、Ansible、puppetなど) を指します。2つ目は、ITILに登場する**構成管理データベース**であり、ITサービスを構成する広義のコンポーネント (サーバ、ネットワーク、組織なども含む) およびリレーションを管理します。

ここでは、この構成管理データベースをどのようにシステム障害対応で活用するのかについて解説します。

**┃構成管理データベースの役割**

| 目的 | システム障害における影響調査・原因調査の迅速化 |
|---|---|
| 主な使用者 | 障害対応チーム |
| 使用するプロセス | 影響調査、原因調査 |

ITサービスは、システムを動かすことで価値を生み出します。そして、システムはさまざまなアプリケーション、インフラで構成されています。ITサービスマネジメントの役割は、これらの構成要素を適切に管理し、改善していくことです。構成管理データベースは、システムを動かすために必要なものをCI (Configuration Item) として管理するものであり、ITサービスマネジメントにおいて重要な役割を担います。

第6章
システム障害対応力を高めるツールと環境

業務アプリケーション、OS、Webサーバやデータベースなどのミドルウェア、サーバやネットワークなどのインフラ、さらには保守契約や管理している人的リソースなど、非常に広い範囲を管理対象としています。

　構成管理データベースで管理されるCIは、データベースにバラバラに登録されるのではなく、リレーションを保持して登録されます。たとえば、どのサーバ上でどのOSが動いていて、どの業務アプリケーションが稼働するのか、管理者は誰で連絡先は何か、といったリレーションです。

**▌各システム担当の構成情報とリレーションを構成**

**各システム担当の構成情報**

業務アプリチーム

業務コード、
業務重要度

サーバチーム

サーバOS名、
ディスク、メモリ

ネットワークチーム

スイッチ、
ルーター

設備チーム

分電盤、
ラック

CMDB

他のレイヤに影響する
構成情報を紐付けて全体管理

# 6.5.2 ◆ 構成管理データベースのメリット

　次に、システム障害対応において構成管理データベースを利用するメリットについて解説します。

### ◉ 業務影響調査を迅速に行える

　構成管理データベースの1つ目のメリットは、CI情報とリレーションの管理によって、システム障害対応における業務影響調査を早められる点です。複数のスプレッドシートに分散していた情報をつなぎ合わせて調査していた

ものを、構成管理データベースで一元管理することにより、調査時間を短縮できるのです。

　障害を引き起こしているコンポーネントを特定した後に、そこを起点に構成管理データベースを検索することで、影響するCIを特定できます。たとえば、停止したサーバ名で検索し、そのサーバで稼働する業務アプリケーションを特定し、影響把握に利用します。停止したサーバが使用するネットワークを特定し、原因調査に利用できます。

▎大規模障害における影響範囲特定の時間を短縮

**データセンター障害時、各担当が影響調査・伝達**

**構成管理データベースで影響範囲を特定・発報**

## CI情報のメンテナンスを自動化しやすい

2つ目のメリットは、CI情報のメンテナンスを自動化しやすく情報の鮮度が保ちやすい点です。

システム障害対応の際に、メンテナンスされているかどうかも不明な信頼性の低いドキュメントと相対したことはありませんか？　インベントリ収集機能を持つ構成管理データベースを利用すれば、たとえばOSにインストールされたソフトウェアの一覧やバージョンなどを自動収集することができますから、信頼性の低いドキュメントに頼る必要はなくなります。

## 効率的で正確な構成情報の管理が可能

3つ目のメリットは、チーム間で冗長な構成情報や設計情報の管理が不要になり、効率的で正確な情報管理が可能となる点です。

たとえば、サーバチームは保守・交換に必要な設置先データセンターのフロアやラックの情報を管理しています。一方で、その情報の主管はデータセンター設備チームですから、そちら側でも同じような情報を管理しています。このような冗長な情報管理は、他にもさまざまな場面で登場します。

構成管理データベースを利用しているケースでは、たとえば物理筐体を一意に特定する設備コードなどを各サーバに付与し、設備コードに紐付くすべてのデータセンターファシリティ情報は、主管である設備チームが構成管理データベースに登録します。サーバチームは、サーバに付与された設備コードでデータベースを検索することで、最新のラック名やフロアなどの構成情報を参照することができます。

このように、冗長な管理を排除することで運用効率を高め、ドキュメントの鮮度を維持できるのです。

**冗長的な管理を削減し、効率的かつ正確に運用**

**各担当ごとの個別管理関連システムの情報を冗長的に保持**

**関連システムの最新構成情報を参照可能**

## 6.5.3 ◆ 構成管理データベースの構成例

　次の図は、構成管理データベースのサンプルです。物理的なデータセンター設備として分電盤やラックの構成情報、サーバなどのインフラ構成情報、仮想サーバの構成情報、業務アプリケーションの構成情報を紐付けた状態で管理します。

　データセンター障害により特定の電力系統が停止した場合、構成管理データベースを検索することで、どのサーバや業務アプリケーションに影響が出たのかをすぐに調査できます。

構成管理業務および構成管理データベース導入のポイントは次のとおりです。

### Point スモールスタートで行う

改善の効果を実感しながら進めるのが有効です。費用対効果を考え、実装が簡単で、よく使う情報から利用しましょう（たとえばサービス一覧と担当者連絡先など）。範囲は狭くてもかまいませんが、新規サービスリリース時、変更時、廃止時などに必ず更新が行われるようにします。

実現性の難易度は、正確なキー情報の有無で決まります。サーバID、システムIDなど、CI情報を一意にするためのキー情報の特定と、各構成情報を紐付けるための参照キーを中心に検討しましょう。

### Point 構成管理情報の統合には、各組織のローカル用語の名称統一が必要

従来の構成管理は、サーバチーム、ネットワークチーム、業務アプリチームなどのチームがそれぞれ行うことがほとんどでした。そのため、同じ情報でも呼び方が異なる（サーバ名、ホスト名、ノード名など）ことがよくあり

ます。このような名称の不統一は、構成情報の紐付けや情報連携時の障壁になりますので、項目の名称を統一しましょう。

**)Point 構成管理データベースをメンテナンスする業務を増やさない**

せっかく作った構成管理データベースの情報鮮度を保つには、メンテナンスのための業務負荷を最小にするのが重要です。そのためには以下のアプローチが有効です。

☑ 業務の中に組み込む

今までスプレッドシートで行っていた業務であれば、入力画面やCSVのインポート画面を用意して、データベースに登録する業務に置き換えます。既存の業務に追加する形でデータベースのメンテナンス業務を増やしてはいけません。業務負荷を上げるだけではなく二重メンテナンスになり、情報鮮度をさらに悪化させてしまいます。

☑ 自動収集する

たとえばシステムのインベントリ情報(インストールされたソフトウェアの情報など)や、組織編成の情報などは自動収集しましょう。

**)Point アーキテクチャの選択基準に含めておく**

ITサービスマネジメントにおいて管理すべきCIの範囲は広く、構成管理業務を手作業で実行するには限界があります。システムの構築段階において、構成管理をどのように行うか運用方式を検討し、アーキテクチャの選択基準に含めておくことが重要です。

たとえば、パブリッククラウドを利用してサーバレスアーキテクチャに置き換えると、物理的なインフラを構成管理対象から外すことができます。

また、マイクロサービス(→**7.2.3**)といった最新のアーキテクチャを採用する場合、サービスメッシュなどを導入するとコントロールプレーンでサービス間の依存関係を集中管理できるため、アプリケーションの依存関係を効率的に管理できるでしょう。

# このセクションの まとめ

　構成管理データベースは、ITサービスを構成する広義のコンポーネント（サーバ、ネットワーク、管理者、保守契約など）をCIとして管理します。単に登録するだけではなく、リレーションを管理しています。

・どのように使うのか
　☑障害が発生したコンポーネントを起点にデータベースを検索する
　☑障害による影響調査や原因調査のスピードが速くなる

・どのように作るのか
　☑各CI情報のリレーションを設計し、構成管理データベースにCI情報を登録する
　☑人手によるメンテナンスを避け、できるかぎり自動収集できるように構築する
　☑構成管理負荷が低いアーキテクチャを選択する（クラウドネイティブ技術が有効）

# 6.6 システム運用における AIの活用

このセクションでは、システム運用におけるAIの活用について解説します。Stable DiffusionやChatGPTの登場により、2022年後半から**生成AI（Generative AI）**ブームが起きており、システム運用領域への活用も注目されています。これまでシステム運用においてAIがどのように活用されてきたのか、生成AIを活用するとどのようなことができそうなのか、そして生成AIを活用するためにはどのようなことが必要なのかについて解説します。

本書の内容は2024年2月時点における解説です。ものすごい速さで変化が起きているため、最新の情報ではない可能性がある点は留意してください。また、本書で取り扱う生成AIは、OpenAI社の大規模言語モデルであるGPT（Generative Pre-trained Transformer）を中心とした解説となります。

これまでAIを活用したシステム運用をAI-Opsと呼ぶことがありましたが、従来のAI-Opsと区別するために、本書では生成AIを活用したシステム運用を**GAI-Ops**と呼称します。

## 6.6.1 これまでのAIブームとシステム運用での活用

システム運用におけるAI活用の歴史は古くからあり、AI-Opsといってもその内容はさまざまです。生成AIとの違いを示すためにも、これまでにどのようなAIが流行し、それがどのようにシステム運用に活用されてきたのかを大雑把に解説します。本書はAI自体を解説することが目的ではありませんので、詳しく知りたい方は専門書籍をお読みください。

☑第1次AIブーム　1950年代〜

推論や探索の技術によって人間の知能を再現しようとしました。しかし、簡単なゲームは解けても複雑な問題には対応できませんでした。

☑ 第2次AIブーム　1980年代〜

　ルールベースとも呼ばれるAIです。人間の知識をルール（条件式）として教え込み問題を解決させる「エキスパートシステム」の研究が進みました。しかし、必要な知識をコンピューターが理解できる形式で大量に用意することは難しく、活用には限界がありました。

☑ 第3次AIブーム　2000年代〜

　機械学習とも呼ばれるAIです。大量のデータ（ビッグデータ）を学習し、予測や識別を行います。画像認識ソフトなど多くの活用が進み、ブームは現在も続いています。

　AI技術はシステム運用にも活用され、**AI-Ops**と呼ばれています。システム運用におけるAI活用の歴史を下図に整理しました。

▌システム運用におけるAI活用の歴史

以下にいくつかの例を挙げます。

☑ ルールベースのAIを、チャットボットや障害対応のレコメンド機能に活用する
☑ 自然言語処理によってアラートメッセージを解釈し、集約する（→**4.5.1**）
☑ 機械学習AIを活用し、Anomaly監視を行う。この機能を持つ運用基盤では、

トラフィックログなどの運用監視データを学習し、外れ値を検知することやトレンドの予測を行える。これにより、障害を未然に防止するといったことが可能になった

そして現在、生成AIブームが起きています。生成AIは、データを学習し、文書・画像・音楽などさまざまなコンテンツを生成できます。生成AIはシステム運用にどのように活用できるのでしょうか。

## 6.6.2 ◆ 生成AIがどのようにシステム運用をサポートするか

生成AIはどのような業務に効いてくるでしょうか。

これまでの人の業務には、①情報を集めて整理し、②ドラフトを作成し、③レビュー・承認を経て、④実行するという流れがありました。システム運用であれば、①エラーの情報を集めて整理し、②修正コードを作成し、③レビュー・承認を経て、④デプロイ・実行するといったことを行っていたわけです。従来のAIの活用は予測や分析が中心でしたが、生成AIでは、文章やプログラムなど多くのものを生成できますので、①と②のプロセスについては特に活用が期待されます。

▌システム運用の業務プロセス

前述のシステム運用の業務プロセスに生成AIを適用すると、①障害調査（たとえば、ALBの500エラーの原因は？　など）をAIに指示し、エラー情報を収集・整理し、②修正コードを提示（たとえば、マシンリソースを増やすためのYAMLファイルを生成など）させることができます。パラメータ次第注3で生成内容に幅を持たせられるため、創造性を重視するか正確性を重視するかで調整します。

一方で、③レビューや承認については人が行う必要があります。すでに生成AIを触られた方は理解できると思いますが、問い合わせるたびに答えは変わり、ときには誤った回答（ハルシネーションと言います）を出力します。つまり、業務プロセスの中には必ず人のチェックが必要で、これを**ヒューマンインザループ**（Human in the Loop）と呼びます。誤っていれば、再度指示を行い、反復的なプロセスによって目的のものを生成します。このように言語モデルに対して「最適な指示」を設計していくスキル・手法を**プロンプトエンジニアリング**と呼びます。

続いて④修正コードをデプロイし、実行します。これは従来通り、デプロイメントパイプラインなどのDevOps基盤やプログラムの実行基盤で自動化します。

他にも多くのDevOpsプロセスについて活用が期待されます。


☑ユーザストーリーやシーケンス図のドラフトを生成する

☑プロダクションコード、テストケース、テストコードを生成する

☑障害調査用のコマンドを生成する

☑問い合わせチケットの内容を要約する

☑ふりかえりのKPTで使用した付箋を整理する

☑システム障害対応訓練に活用する（**→9.3、10.2.2**）

---

注3）LLMの設定にはTemperature、Top_Pなどのパラメータがあり、プロンプトで異なる結果を得られます。
参考：「Prompt Engineering Guide」／DAIR.AI
https://www.promptingguide.ai/jp

**)Point メジャーなアーキテクチャを採用する**

　言語モデルは、公知のナレッジをベースにしています。そのため、運用対象システムが独自のアーキテクチャを採用していると有益な情報を生成することは困難です。なるべく汎用的なアーキテクチャを採用することで生成AIの恩恵を受けやすくなります。そして、技術的負債（→**1章、7章**）は公知の情報が少なくなっていくものが多くあり、生成AIを活用しづらくなります。技術的負債により、今後ますます生産性や品質に大きな差がついていくでしょう。

# 6.6.3 ◆ GAI-Opsに対応する運用ツール

　ChatGPTを業務に活用することもできますが、SaaS系運用ツールを中心に、多くの製品がGAI-Opsに対応してきていますので利用を検討すると良いでしょう。まだβ版のものを含みますが、以下のようなものがあります[注4]。

☑ New Relic

　New RelicはSaaS系運用ツールの1つです。GAI-Opsに対応した機能[注5]が発表されました。生成AIが障害原因の調査や対応方法をサポートします。監視・障害管理などといった業務での活用が想定されます。

☑ Miro

　Miroは、ふりかえりなどWebミーティングで使われることの多いWebホワイトボードツールです。生成AIを活用した機能[注6]では、議論に使用した複数の付箋を整理したり、マインドマップを作成したり、シーケンス図を作成したりできます。議論を整理・収斂させることに加え、思いもつかなかった意見を出させて議論を発散させることもできます。企画・設計・開発・ふりかえりなどといった業務での活用が想定されます。

---

注4) クドいようで恐縮ですが、これを書いている間にも多くの製品がリリースされている状況です。最新の状況は都度調べてください。
注5) https://newrelic.com/jp/platform/new-relic-ai
注6) https://miro.com/ja/assist/

☑ AWS CloudWatch

AWSの監視機能であるCloudWatchにGAI-Ops対応機能が追加[注7]されました。自然言語で質問や指示をすることで、必要な検索クエリが生成されます。

他にも、MicrosoftがCopilotをWindowsに対応させ始めており、今後劇的に業務環境が変わる可能性があります。また、独自のナレッジをより活用したい場合には、自分たちでGAI-Ops環境を整備していくことも可能です。主に以下のような手法があります。

☑ RAG (Retrieval-Augmented Generation)

検索拡張生成とも呼ばれます。たとえば、ユーザからの指示は生成AIで受け取り、独自の設計情報などを検索するクエリを生成します。生成されたクエリを実行し、その結果を生成AIで整理して回答を生成するといったものです。学習済み言語モデルは学習元のデータに無い情報を正しく生成できませんが、RAGを用いることで最新の情報や独自の情報を活用することができます。

## ▎RAG (Retrieval-Augmented Generation)

通常のGPT使用では知らないことは答えられないか、嘘（ハルシネーション）が発生する

RAGではWebや独自のデータソースから回答を生成できる（RAGの処理実装はシステムよって異なる）

注7）「Amazon CloudWatch が AI を利用した自然言語によるクエリ生成を発表（プレビュー）」／ AWS
https://aws.amazon.com/jp/about-aws/whats-new/2023/11/amazon-cloudwatch-ai-powered-natural-language-query-generation-preview/

☑ファインチューニング

既存の基盤モデルに独自のデータを加えてチューニングする手法です。

☑独自の言語モデルを構築する

ゼロから言語モデルを構築する方法です。ただし、これは難易度が高いためあまり現実的ではないでしょう。

## 6.6.4 ◆ 生成AIを活用するために必要なこと

生成AIを活用するためには何が必要になるのでしょうか。ここでは、人や組織・プロセス・ツールや環境・ガバナンス・文化の視点で確認します。

### 組織・役割・人的スキル

黎明期における生成AIを活用／管理するための役割や組織を検討します。運用部門以外でも生成AIの活用が想定されます。また、セキュリティの検討も必要です。そのため、全社横断でAI利用を検討・整備していく部門（例：AI-CoE[注8]）を設け、運用部門とも連携することなどが考えられます。

生成AIを活用するための新しいスキル（例：プロンプトエンジニアリング）に関する教育を行う必要があります。

### 業務プロセス

生成AIを前提とした業務プロセスの再設計を行います。たとえば、初版はAIで生成し、生成物に対するチェックプロセス（ヒューマンインザループ）を適用する、などが考えられます。

### ツールや環境

運用ツールが提供する生成AI機能の活用を検討し、場合によっては、現在使用している運用ツールの変更も検討します。また、自社独自の生成AI

---

注8) CoEはセンターオブエクセレンスのことで、特定の目的のために作られた中核組織を指します。

基盤を整備します。これは、RAG ／ファインチューニングといった手法により実現します。

## マインド・文化

生成AIを前提とした基本動作に変更します。20年前と違い、「検索する」は今では基本動作になっています。これからは「生成する」が基本動作になるように、マインドや文化を変えて行く必要があります。

## ガバナンス・セキュリティ

生成AIを利用するには注意点があります。まず、機密情報が学習に使われるのかどうかを確認します。利用者が入力した内容を学習し、たとえば他社（他者）の生成結果に出力されるといったことを避ける必要があるのかどうか確認します。

次に、AIが生成したものが著作権を侵害していないかどうかについて確認する必要があります。AIと著作権については文化庁[注9]も見解を発信しています。

生成結果を鵜呑みにしないようにしましょう。生成AIは虚偽の内容を生成することがあります（ハルシネーション）。必ず人のチェックを加えます。

## このセクションの まとめ

このセクションでは、システム運用にAIを活用することについて解説しました。

・AIのシステム運用への活用
　☑機械学習など、従来からAIはシステム運用に活用されている
　　（Anomaly監視など）

---

注9)「令和5年度著作権セミナー　AIと著作権」／文化庁
https://www.bunka.go.jp/seisaku/chosakuken/pdf/93903601_01.pdf

- ☑ 生成AIをシステム運用に活用するGAI-Opsでは、従来の「情報を調べ、整理し、ドラフトを生成する」といった部分をAIに任せられる。障害調査やコード生成など多くのプロセスに活用できる
- ☑ 生成結果に対する人のチェックが必要である（ヒューマンインザループ）
- ☑ プロンプトエンジニアリングという反復的なプロセス／スキルにより、目的のものを生成する
- ☑ メジャーなアーキテクチャを採用することで、よりGAI-Opsの恩恵を受けることができる
- ☑ SaaS系の運用ツールの多くがGAI-Opsに対応し始めている
- ☑ 独自のナレッジを活用するには、RAG、ファインチューニングといった手法などがある

・生成AI活用において留意すべきこと
- ☑ 生成AIの活用のため、組織や人・プロセス・ツール・文化・セキュリティなどの検討を行う必要がある
- ☑ 機密情報の漏洩や著作権について注意する必要がある

　この章ではシステム障害時に必要となるツールや環境について解説しました。その手法は常に進化を続けています。多くの手法を学び活用していきましょう。これで、障害対応に必要な基本的要素である登場人物、プロセス、ドキュメント、ツール、環境について理解することができました。以降の章からは、障害対応を担う組織作りや改善の進め方について学びます。

　本書で取り上げたWar RoomやC4Iは、インシデントコマンダーやCIOの意思決定を支援するためのものです。このコラムでは、意思決定の手順としてOODAループ（ウーダループ）を紹介します。

　OODAループは、アメリカ空軍のジョン・ボイド大佐が提唱した戦時における意思決定理論です。Observe（監視）→ Orient（状況判断）→ Decide（意思決定）→ Act（行動）のサイクルで構成されています。

▌OODAループ

　OODAループをシステム障害対応において適用すると、以下のような意思決定手順になります。

Observe：監視、観測、観察。1つの障害事象に対する大量の監視結果や報告といった生データが収集されます。それらの生データを、ダッシュボードなどのCOP/CTPで可視化します。

Orient：状況判断。生データやCOP/CTPなどから、システム・ユーザ・障害対応チームなどの状況を判断します。

Decide：意思決定。とるべき対応について意思決定し、指示を行います。

Act：実行。指示に基づいて実際の対応を行います。対応の結果は、監視・観測されObserveに反映されます。

　OODAループは、厳しい時間的制約の中で適切な意思決定をしていくための特徴を持っています。また、障害対応では、ダッシュボードなどObserveのための環境整備が重要になります。

# 第7章

# 組織の障害対応レベル
向上と体制作り

　7章では、障害対応を担う組織について解説します。自組織が
どのレベルにあるかのアセスメントを行い、どのような組織を目
指していくべきかを考えていきます。さらに、近年注目されてい
る新しい運用手法・組織の概念であるSREについて、従来型の運
用組織との違い、なぜSREが必要とされているのかについても紹
介します。

　これまでの章は、個別の障害対応チームとして、もしくは個別
の作業担当者として考えることがほとんどでした。ここからは、
組織全体に視野を広げて考えるべきことが増えていきます。自分
たちの組織が今後どのようにあるべきか、議論してみましょう。

# 7.1 障害対応レベルの維持・向上

このセクションでは、組織の障害対応レベルについて解説します。まず、自分たちのシステム障害対応のレベルがどの段階にあるのかを確認しましょう。以下の解説では、障害対応を担う組織の障害対応能力をさまざまな面からレベル分けしています。あなたの組織では、どのレベルにあるものが多いでしょうか？

## 7.1.1 ◆ 自組織のアセスメント〜人の動き

人の動きについては、個人ではなく組織の力で対応できているか、そして個人と組織の意思決定のスピードがポイントになります。レベル分けすると以下のようになります。

**▎人の動きに関する障害対応レベル**

| 対応レベル | 動作 |
|---|---|
| レベル1 | ・インシデントコマンダー不在で場当たり的な対応<br>・個々の能力がバラバラで、個人能力に頼る<br>・障害対応時の自チームの役割が決まっていない／ルールが認識されてない<br>・各個人がバラバラの情報を保持し、噛み合わないことが多い |
| レベル2 | ・インシデントコマンダーを中心とした組織的な対応<br>・誰でも標準以上の能力を発揮する<br>・障害対応時の他部門との連携方法が決まっていない／ルールが認識されていない<br>・各組織間でバラバラの情報を保持し、全体方針を決めるのに時間がかかる |
| レベル3 | ・インシデントコマンダーと作業担当の高度な情報共有に基づく意思決定<br>・作業担当も全体状況を俯瞰できる |

## ● レベル1

　たとえばインシデントコマンダーがおらず、誰が何をするか曖昧で、全員がボールに集まってしまう「ちびっ子サッカー」のような対応を行っている場合はレベル1と考えて良いでしょう。全員が作業担当になっていたり、複数の人から別の指示が飛んできて混乱したり、作業分担が曖昧でポテンヒットやコンフリクトが頻繁に発生したりします。このような状態では組織的な対応はできず、個人技頼みになってしまいます。

## ● レベル2

　インシデントコマンダーを中心とした組織的な対応を行うのがレベル2です。システム障害が発生すると、状況に合わせてインシデントコマンダーや作業担当など適切な役割やフォーメーションで対応を行います。人の動きは3章で解説しましたが、システム障害発生時に誰が何をするのか、理解し、実践されている状態です。

　課題として、大規模なシステム障害になると多くの人が対応に関わり、情報収集や意思決定に時間がかかるようになります。さまざまな報告や問い合わせがインシデントコマンダーに集中し、負荷が上がっていきます。

## ● レベル3

　レベル3は、インシデントコマンダーと作業担当（さらにはそれ以外の関係者も）が高度に情報連結された状態で、迅速な意思決定を行います。インシデントコマンダーと作業担当は「人的な報告作業なしに」「視覚的に同じ情報をシェアする」ことで、コミュニケーション負荷を下げます。

　インシデントコマンダーは、システム状況や作業状況にアクセスできます。作業担当側も、全体状況にアクセスすることができます。レベル3はツールに支援されている状態であり、6章で解説したダッシュボードやコミュニケーションツールを活用し、システム障害対応の意思決定を行います。

# 7.1.2 ◆ 自組織のアセスメント〜プロセス

　プロセスについては、システム障害が発生してから対応を完了させるまでの間に行う基本的な工程が理解・実践されているかどうかがポイントになります。レベル分けすると以下のようになります。

▎プロセスに関する障害対応レベル

| 対応レベル | 動作 |
|---|---|
| レベル1 | ・障害対応時に統一的なプロセスや対応フローが存在しない |
| レベル2 | ・障害対応時に統一的なプロセスや対応フローが存在し、安定的な対応を行う |
| レベル3 | ・テクノロジーに裏付けされた、人の動きが最小限になるように設計されたプロセスを実施する |

## ● レベル1

　レベル1は、システム障害を解決させるための基本的なフローが理解されていない状態です。そのような組織では、そもそもシステム障害として扱うかどうかでベンダーとユーザが揉めたり、原因究明ばかりに夢中になって業務影響を回復・回避する作業がおろそかになってしまうなど対応の優先度を誤ったりします。

## ● レベル2

　レベル2の組織では、システム障害を解決させるための標準的なプロセスや障害対応フローが存在し、関係者に理解・実践されています。どのような障害が発生しても、4章で解説した「検知・事象の確認」「業務影響調査」「原因調査」「復旧対応」といった各プロセス、そして各プロセスを適切に行うための基本動作やノウハウを保持しているため、常に安定した障害対応を実施できます。

　課題は、やはり大規模システム障害において関係者の数が多くなった場合

で、報告や承認の数が増えていくにつれて全体の対応スピードが遅くなっていきます。

### ● レベル3

レベル3は、情報共有や意思決定を支援するためのツールを前提として、障害対応チームや関係者の報告が最小限になるようにフローが設計されています。たとえばレベル2では、状況が更新されるたびにインシデントコマンダーから関係者に報告するといった「情報プッシュ型」のフローですが、レベル3の組織では、情報を必要とする関係者がダッシュボードや画面共有されている電子ホワイトボードを参照するなど「情報プル型」のフローになります。整備されたWar Roomに関係者が集合しており、迅速な意思決定や承認が行われます。

# 7.1.3 ◆ 自組織のアセスメント〜ドキュメント

ドキュメントについては、システム障害対応に必要なドキュメントが存在し、必要な人が使える状態にあり、適切にメンテナンスされているかどうかがポイントになります。

**┃ドキュメントに関する障害対応レベル**

| 対応レベル | 動作 |
|---|---|
| レベル1 | ・設計内容がわかる資料がない（正しい処理が不明）<br>・障害対応、復旧時の手順書がない<br>・変更管理プロセスがなく、ドキュメントが陳腐化する |
| レベル2 | ・仕様や設計資料が存在する<br>・汎用的な手順書が存在し、誰でも使える状態にある<br>・変更管理プロセスによってツールやドキュメントを更新する |
| レベル3 | ・更新対象ドキュメントは最小限になるように設計された変更管理プロセス<br>・自動的に構成情報がメンテナンスされる |

## ● レベル1

レベル1は、システム障害対応に必要なドキュメントがありません。信じて良いかどうかわからないスプレッドシートを頼りに対応を進めていくことが多々あります。本番環境の設定やコードを確認したり、詳しい人を連れてきたり、何が正しい姿なのかも曖昧なまま調査を進めます。

復旧に必要な手順書も整備されておらず、手順書が誤っていて、頻繁に二次被害が引き起こされます。

## ● レベル2

レベル2は、システム障害対応に必要なドキュメントが存在し、誰でも使える状態にあります。必要なドキュメントとは、システムの設計書や既知の障害に対する対応手順書、5章で解説した障害対応フロー図や障害レベル管理表などです。

各ドキュメントの管理者が明確で、変更ルールが整備されているため、常に最新の状態で維持されています。そのため、有識者が障害対応時にいなかったとしても正しい情報を入手することができます。また、本番環境に「管理者権限で」ログインして設定を確認する回数も減るため、スピードが上がるだけでなく、作業ミスによる事故が減少し、セキュリティも向上します。

課題として、システムや組織が大規模になるとドキュメントの数も増えることになり、メンテナンスが困難になります。レベル2の状態を維持するためのコストが上がっていきます。

## ● レベル3

レベル3は、メンテナンスにかかるコストが最小限になっている状態です。たとえば、類似したドキュメントや構成情報が冗長的に存在し、多重メンテナンスにならないように、ドキュメントと管理プロセスが整理されています。

本番環境の設定をドキュメントとして整備し続けるのではなく、本番環境の構成情報を自動収集する仕組みや、システムのあるべき姿をマニフェストファイルに記述しデプロイする宣言的リリースを実装しています。

## 7.1.4 ◆ 自組織のアセスメント～ツールや環境

　ツールに関しては、障害対応に必要なコマンド類だけでなく、意思決定を支援する可視化ツールが整備されているかどうかがポイントです。

**｜ツールや環境に関する障害対応レベル**

| 対応レベル | 動作 |
|---|---|
| レベル1 | ・ツール類が存在しない<br>・ツールがあったとしても使える人が限定されている<br>・適切な監視や通知が行われていない |
| レベル2 | ・汎用的な調査コマンドなどが整備されている<br>・必要な監視や通知が行われている |
| レベル3 | ・意思決定や情報共有を支援するツールが存在する<br>・作業担当が全体状況を俯瞰する情報にアクセスできる<br>・自動復旧が前提であり、通知されるものは最小限である |

### ● レベル1

　レベル1では、障害対応に必要なツールやコマンドが整備されていません。システム障害が起こるたびに調査コマンドを検索サイトやマニュアルで調べたりします。人によっては、よく使う調査コマンドなどを整理していることがありますが、あくまでも個人依存であるため、そのノウハウは共有されていません。

　適切な監視が行われておらず、必要なアラートが通知されないこともあります。

### ● レベル2

　レベル2では、障害対応に必要なツールやコマンドが整備されており、誰でもそれを利用できる状態です。

　ただし、障害対応が始まると、そのコマンドを手動で実行するため時間がかかります。障害対応中にシステムの状態をリアルタイムで共有する手段が

ないため、定期的な手動作業や報告が発生します。

　監視の仕組みが整備され、検知漏れを防ぐことはできています。しかし無駄なアラートも通知されており、担当者を疲弊させています。

### ● レベル3

　レベル3では、6章で解説したダッシュボードやWar Roomなど、障害対応の意思決定を支援するツールや環境が整備されている状態です。そして、システムの監視メッセージはフィルタリングされ、無駄なアラートで担当者の眠りを妨げることはありません。既知のシステム障害であれば自動対応・復旧が行われ、人による対応作業は最小限になっています。

## 7.1.5 ◆ 自組織のアセスメント〜本格対策のスピード

　本格対策については、その品質だけではなく、スピードも重要なポイントです。

**┃本格対策のスピードに関する障害対応レベル**

| 対応レベル | 動作 |
| --- | --- |
| レベル1 | ・修正リリースの品質も悪い |
| レベル2 | ・十分なテストを行うが、手動であり時間がかかる |
| レベル3 | ・自動化されたテスト／デプロイ環境で、高速に修正リリースが行われる<br>・テスト駆動開発により、テストコードの品質が保たれている |

### ● レベル1

　レベル1では、本格対策の修正リリースも品質が悪く、時間がかかります。新たな修正によって、既存の他機能に意図しない影響が及ぶデグレードの問題が起きます。

### ● レベル2

レベル2では、デグレードを防ぐための十分なテストを行いますが、テストケース、テスト環境やデータの準備に時間を必要とするため対応には時間がかかります。

### ● レベル3

レベル3では、CI/CD環境で自動化されたテストコードが実装されていて、高速に修正リリースが行われます。テスト駆動開発では、プロダクトコードの前にテストコードを作成するため、常にテストコードの品質が保たれています。コードをプッシュするたびにテストコードが自動実行され、既存機能に意図しない影響が出た場合はすぐに検出されるため、デグレードを防げます。

## 7.1.6 ◆ 自組織のアセスメント〜改善

改善については、自分たちが主導して行っているかどうか、範囲の広さ、プロアクティブな改善が行われているかどうかがポイントです。

**▌改善に関する障害対応レベル① 改善の仕方**

| 対応レベル | 動作 |
|---|---|
| レベル1 | ・行われない |
| レベル2 | ・品質担当者や外部専門家の指摘による改善が中心 |
| レベル3 | ・自己組織化されたチームのふりかえりによる改善が中心 |

**改善に関する障害対応レベル② 改善の範囲**

| 対応レベル | 動作 |
|---|---|
| レベル1 | ・ない |
| レベル2 | ・システム運用範囲の改善を行う<br>・ワークアラウンド手順書を作成する |
| レベル3 | ・システムの非機能要件に関与し、システムのアーキテクチャを含めて変更を推進する |

**改善に関する障害対応レベル③ 改善のトリガー**

| 対応レベル | 動作 |
|---|---|
| レベル1 | ・ない |
| レベル2 | ・問題が起きてから改善するリアクティブな活動 |
| レベル3 | ・傾向を分析し、問題が起きる前に改善するプロアクティブな改善 |

### ● レベル1

レベル1では、改善が行われません。

### ● レベル2

レベル2では、継続的な改善が行われていますが、チーム外からの指摘やプレッシャーにより実施されています。また、改善対象はシステム運用の範囲に留まっており、システムのアーキテクチャを変更することや、業務・ビジネスの実施方法に踏み込んでの対応が行われることはありません。改善のアプローチは手作業が多く、手順書やチェックシートが増えていく傾向にあります。

### ⬤ レベル3

レベル3では、チーム自身のふりかえりによる改善がメインです。改善の対象は、従来のシステム運用の範囲を超えて、運用を良くするためのシステムのアーキテクチャ変更や開発手法にまで関与します。

業務やビジネスの実施方法にも関与します。たとえば、ビジネスのイベントを把握し、事前にシステムのキャパシティ対策を行います。改善のアプローチは、自動化やそもそも問題が起きないアーキテクチャに変える方向に向いており、手作業が増えていくことはありません。

## 7.1.7 ◆ 自組織のアセスメント～教育や訓練

教育や訓練については、担当領域以外に踏み込んでいるかどうか、定型的な訓練だけでなく、未知の領域や臨機応変さについての教育や訓練を行っているかどうかがポイントです。

**▌教育や訓練に関する障害対応レベル**

| 対応レベル | 動作 |
|---|---|
| レベル1 | ・教育、訓練はしない |
| レベル2 | ・各担当領域を学習する<br>・綿密な計画を立てた手順書の実行訓練を実施する |
| レベル3 | ・担当サービス外の事例も含めてチームとして学習する<br>・未知を前提とした訓練を行う<br>・臨機応変に行動するための教育を行う |

### ⬤ レベル1

レベル1では、そもそも教育や訓練が行われていません。個々人の意識レベルに依存しています。

### ⬤ レベル2

レベル2では、教育や訓練が実施されています。訓練の仕方は、BCP訓練（→

**8章**）に代表されるような計画的なもので、手順書の実施訓練などが中心です。

### レベル3

　レベル3では、他組織の事例も積極的に取り込み、自組織の改善のインプットにしています。訓練の仕方は、未知や非定型的な部分にスコープを当てており、8章で解説しているカオスエンジニアリングといった手法も採用しています。

　手順書を正確にこなすことを訓練するレベル2と異なり、システムやサービスの全体構造を理解し、ビジネスやサービスを守るといった意識付けやそれに基づく各対応優先度の考え方、行動の規範といった事柄を重視するのがレベル3です。

## 7.1.8 ◆ 障害対応レベルから見えてくる組織の課題

　それぞれの項目について、あなたの組織のアセスメント結果はいかがでしたか？　続いて、レベル1やレベル2の組織にどのような課題があるのかを解説します。

### レベル1　職人芸と運任せ、すでに品質に問題がある可能性も

　このレベルは、障害対応に関する必要最低限の要素が足りていない状態です。すでに障害対応の品質に問題が出ていることも想定されます。システム障害にチーム・組織として対応することがなく、あくまでも個人技の世界です。小さなシステムや組織であれば、有識者に支えられて何とか運用できるかもしれませんが、有識者が抜けた途端に破綻するでしょう。

### レベル2　障害対応を組織で対応するが、レベルの維持・向上が困難

　このレベルは障害対応をチーム・組織で対応します。そのために必要な役割やプロセス、ドキュメントが整備され、ITサービスマネジメントプロセスの中で維持されている状態です。障害対応の品質は高く、安定しています。

一見すばらしいレベル2ですが、完全に維持し続けるのは困難です。多く
の組織では、レベル1〜2の間のような状態になっています。レベル2におけ
る課題の傾向として、以下を挙げることができます。

☑ メンテナンス負荷が高く、維持するのが困難
☑ システムの変化スピードにシステムの運用が追いつかない

　レベル2とレベル3では、いずれもシステム障害対応能力がITサービスマ
ネジメントプロセスによって維持されているのですが、レベル3では改善の
方向性が手作業やマンパワーではなく自動化に向けられています。一例を挙
げると、障害対応における初動を改善するために、切り分け表を作るのがレ
ベル2、自動的に切り分けるのがレベル3です。既知の障害に対する正確性
やスピードを向上させるために、手順書を作るのがレベル2、自動対応させ
るのがレベル3です。

　システムの変化や拡大に合わせて障害対応能力を維持・向上させるために
は、マンパワーだけでは限界にくるのは明らかであり、レベル3を目指す必
要があります。

## 7.1.9 ◆ 各レベルの組織が行うべきこと

　それでは、各レベルの組織はどのようにして次のレベルに進んでいくべき
でしょうか。ここでは、各レベルの組織が上のレベルを目指すために、やる
べきこと、考えるべきことを解説します。

### ● レベル1の組織がレベル2を目指すために

　このレベルは、障害対応に関する必要最低限の要素が足りない状態です。
本章のアセスメントから見えてきた足りない部分を順次対策していく必要が
あります。

　特に優先度が高いのは、システム障害や障害対応に直接関わる部分です。

☑ システム障害の定義など、基本となるドキュメントの整備と理解
☑ システム障害対応時の役割や流れの理解と実践

　基本となるドキュメントとは、2章で解説したシステム障害の定義、連絡先管理表、障害対応フロー図など、必要最低限のドキュメントです。
　ドキュメントの整備、障害対応時の役割や作業プロセスの教育においては、以下のような抵抗もよくあります。

☑ 現状の業務で逼迫しているので、対応できない
☑ 教育する暇がない
☑ ドキュメントを展開しても誰も読まない

　以下のようなアプローチが有効なことが多いです。

☑ 理解と周知：適切なシステム障害対応が結果的にワークロード削減につながることを理解してもらう
☑ 効果の可視化：定量的な測定を行い効果を可視化する（→**8.1**）。努力が目に見えると前向きに取り組むことが多くなる
☑ 責任者の任命：各ドキュメントと変更プロセスの責任者を任命する

### ● レベル2の組織がレベル3を目指すために

　障害をコントロールするためのドキュメントやプロセスがあるにも関わらず、メンテナンスが追いついていない組織では、さらなる業務の追加を行うことは逆効果になります。そのため、ワークロードを削減できる施策から試すことを推奨します。つまり、まず行うべきなのは無駄なアラートメッセージの削減や自動復旧です。
　こうした施策は、運用ツールでカバーできる面も多く効果が出やすい分野です。業務プロセスを変更することなく導入できるので、組織間調整が必要ないのもメリットです。自動化によって空いたリソースを使い、他の改善に取り組んでいきましょう。

このレベルにおいても、現状の業務で逼迫しているので対応できないという声が上がることが予想されます。こうした声に対しては、ワークロードの削減効果を強調するほかないでしょう。

自動化による品質を心配する声が上がるかもしれません。こうした懸念を払しょくするには、パイロットシステムなどから導入し、徐々に広げていくのが効果的です。

### ● レベル3の組織が対応レベルを維持していくために

真のレベル3組織になっているのであれば、維持するための施策をエンジニアリングの視点から考えているはずです。

☑ Toilを定量的に計測する

維持できているかどうかは、定量的に確認することが重要です。そのためにはToilを測定します。Toilには、自動化可能、手作業、繰り返し、長期的価値なし、サービス成長とともに増えるといった特徴があります。特に、自動化可能、手作業、繰り返しは撲滅すべきToilですから、計測対象もそこに絞ると良いでしょう。

Toilの計測例を以下に示します。チェックが付いているものがToilです。

▌Toilの計測例

**今週のチームのワークロード割合**

| | |
|---|---|
| ☑ conf ファイル更新作業 | 35% |
| ☐ 開発チームとの定例ミーティング | 10% |
| ☐ 新運用機能開発・改善 | 5% |
| ☐ 障害対応 | 20% |
| ☑ 依頼に基づくリソース追加作業 | 5% |
| ☑ 既知の障害調査依頼 | 25% |

業務量の正確な時間計測が必要というわけではありません。タスク大（2日以上）、中（1日）、小（2時間）と係数を用意して、タスク数との積で概算する形でもかまいません。

　業務量の測定にはチケット管理ツールが有効です。ツール自体はServiceNowのようなITSMツールでも良いですし、JIRA、Redmineといった開発管理ツールでもかまいません。重要なのは、すべてのタスクや依頼事項がチケット管理ツールで管理されていることです。

　開発チームなどから、チケット管理ツールを通さずにメールや口頭での依頼があると、隠れたタスクとなり測定を行えません。ユーザに根気よく説明をして、規定のツールから申請をしてもらうよう地道な努力が必要です。

**▌依頼とチームタスクをツールで集中管理し、測定を行う**

　運用業務の測定と改善については、8.1.4も参照してください。

☑ チームのカバーする範囲を増やしていく

　自分たちの障害対応レベルを維持することができているならば、カバーする範囲を増やしていきましょう。方向性は2つあります。

　1つ目は受け入れるシステムの数を増やすことです。優先すべきなのは、自動化可能なアーキテクチャを採用しているシステムです。逆に言うと、自動化が難しいアーキテクチャを受け入れる必要がある場合は、自分たちがこれまで進めてきたToil撲滅の努力が台無しになる可能性があります。その際は、アーキテクチャ変更も行う（技術的負債の返却）計画も立てるようにしましょう。

　2つ目は、提供するサービスを増やすことです。たとえば、今までは監視とシステム障害対応だけしか行っていなかったのであれば、CI/CD環境を管理提供するなど、サービス範囲を拡張していきましょう。

　このとき、各システムが持っている共通的な運用機能を巻き取っていくことを推奨します。全体的なコスト削減効果が高いだけでなく、各システムの運用設計のバラツキがなくなる（＝標準化される）ため、結果的に運用業務の効率化・自動化につながります。

☑ 統制とセルフ化のアプローチ

　統制が厳しく開発と運用が分離されているシステムにおいて、本番環境への変更がある場合、開発チームから運用チームへ作業申請を行い、運用チームが（主に手作業の）環境変更手順を実行するということがあります。開発チームには申請書を記載する手間とリードタイム（作業予定日の5営業日前までに申請など）が必要ですし、運用チームの手作業は減りません。作業申請と作業の関係は、開発・運用双方の不満の温床になりがちです。

　こういったシステムでは特に、セルフ化のアプローチが有効です。開発チームの申請者は画面上から申請を行い、上長など統制上の承認者が承認を行い、環境変更は自動で行われるといったものです（ここで重要なのは、認証・承認・証跡といった統制のための機能です！）。開発担当は長大な申請書やリードタイムから開放され、運用部門の手作業はなくなります。

　システム運用の統制において、運用部門が担うべきは手作業（そしてハン

コと紙の手順書)ではなく、ルール(統制記述書など)とルールを保持するためのプラットフォームであるべきです。すぐにすべての作業をセルフ化することは難しいかもしれませんが、各部門の協力は得やすい活動であるため、できるところから実施していきましょう。

## このセクションの **ま と め**

　このセクションでは、障害対応を担う組織の障害対応能力が、どのレベルにあるかアセスメントを行い、どのような組織を目指していくべきかを解説しました。

・障害対応を担う組織の各レベル
- ☑ レベル1:組織で対応せず個人技頼み。いきあたりばったりで改善も行われない
- ☑ レベル2:障害対応を組織やチームで対応し、品質も高く安定。ただし、マンパワーに依る部分も多く、維持管理負荷が高いため陳腐化しやすく、システム変化のスピードについていくのが難しい
- ☑ レベル3:各担当者が高度に情報連結され、迅速な意思決定を行う。ツールやドキュメントの変更管理プロセスは自動化を前提に行われ、改善の方向性も手作業ではなく自動化に向いている

・障害対応能力の維持、向上に必要な事柄
- ☑ レベル1からレベル2:基本的なドキュメントの整備、インシデントコマンダーといったキーマンを中心にした教育の実施
- ☑ レベル2からレベル3:自動化への取り組み。自動化によってワークロードを削減したうえで、他の施策に取り組む
- ☑ レベル3の維持:Toilの計測と削減。自動化の促進や技術的負債の返却。受け入れシステムの拡大と提供サービスの拡大・改善

# 7.2 障害対応を担う組織や体制

このセクションでは、システム障害対応を担う組織や体制について解説します。

## 7.2.1 障害対応を担う組織や体制のパターン

システム障害対応は運用フェーズにあたるため、システム運用部門で行われることが多いと「言われています」。しかしながら、「運用」「運用組織」の指す範囲は曖昧であり、本書が扱っている非定型で未知のシステム障害対応は、定型オペレーションをミッションとする従来型の運用組織では担わずにエスカレーションされ、別の組織が対応することも多くあります。

また、普段は開発部門と運用部門が別々であったとしても、未知の大規模なシステム障害時は一緒に行動する場合がほとんどです。インシデントコマンダーが運用部門に所属している組織もあれば、開発部門に所属している組織もあります。

ここでは、システム障害対応を担う組織や体制をどのように作っていくべきか、いくつかのパターンを挙げて解説します。

### ● パターン1：24/365体制の監視オペレーターとオンコールエンジニア

24時間365日体制の監視オペレーターと、日勤・オンコールエンジニアによる体制です。監視オペレーターは定型的な対応を行い、エンジニアは非定型な対応を担います。

監視オペレーターは、システムアラートを検知すると一次切り分けや、ワークアラウンド手順書[注1]を使用して対応を行います。解決できない場合には、オンコールエンジニアにエスカレーションコールを行います（本書は、シス

---

注1) あらかじめ用意された暫定対策用の手順書を指します。

テム障害としてこうしたケースを扱っています)。

## ▌24/365体制の監視オペレーターとオンコールエンジニア

これは、歴史の長い企業を中心に多くの現場で見られるパターンです。24/365体制があるため、いざというときに誰も対応する人がいない事態を避け、初動を確実に行うことができるとされています。24/365体制にエンジニアが含まれるケースもありますが、夜勤シフトという労働環境から、技術スキルの高い人員の確保は難しい状況にあります。

## ▌24/365体制のシフト例

・休憩や複眼チェックなどを行うため、1つの時間帯で最低3人が必要で、合計12人とする
・労働時間上限は週40時間
・12時間交代、3日勤務し3日休む「3勤3休」シフト
・3人のチームを4つ作り、日勤・夜勤を切り替えながら運用

| | 3day #1 | 3day #2 | 3day #3 | 3day #4 |
|---|---|---|---|---|
| 8:00〜20:00 | チームA | チームC | チームB | チームD |
| 20:00〜8:00 | チームB | チームD | チームA | チームC |

※他にも3交代制、「5勤2休」シフトなどの組み方があります

システムの運用品質が悪ければ監視オペレーターの業務量は逼迫し、オンコールエンジニアの労務環境は悪化していきます。


### ● パターン2：オンコールエンジニアのみ

　監視オペレーターが担う部分を自動通知システムに置き換え、オンコールエンジニアのみで対応するパターンです。オンコールシフトの組み方は、5章のオンコールシフト表を参照してください（**→5.2**）。

▎オンコールエンジニアのみの体制

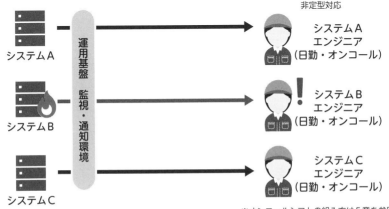

※オンコールシフトの組み方は5章を参照

　パターン1と比較して、24/365体制のオペレーターが不要になるため、コスト面でメリットがあります。その代わりに、オンコールチームが脆弱な場合、いざというときに障害対応を行う人がいないといったリスクがあります。
　こちらもパターン1と同じく、システム品質が悪ければオンコールエンジニアの労務環境は悪化し、システム運用は崩壊します。無駄なアラートを抑止し、可能な限り自動復旧を行いましょう。


### ● パターン3：エンジニアによるフォロー・ザ・サン体制

　**フォロー・ザ・サン**（FTS：Follow The Sun）とは、太陽を追いかけるような運用体制を言います。たとえば、日本の日中時間帯は日本の体制で運用を行い、日本の夜間時間帯は地球の裏側にある国の体制で運用を行います。

**▌エンジニアのフォロー・ザ・サンによる24/365体制**

・時間帯で通知先電話番号を切り替える
・定型作業は自動化する

システムA

運用基盤　監視・通知環境

アラート通知

システムB

システムC

拠点Bのエンジニア
日本：夜間
アメリカ：日中

拠点Aのエンジニア
日本：日中
アメリカ：夜間

**▌フォロー・ザ・サン体制でのシフト例（東京―ニューヨーク）**

チームA：日本

チームB：アメリカ
（ニューヨーク）

チームC：日本

チームD：アメリカ
（ニューヨーク）

|  | 3day #1 | 3day #2 | 3day #3 | 3day #4 |
|---|---|---|---|---|
| 8:00 ～ 20:00（JST）<br>（19:00 ～ 7:00 EDT※） | チームA | チームC | チームA | チームC |
| 20:00 ～ 8:00（JST）<br>（7:00 ～ 19:00 EDT※） | チームB | チームD | チームB | チームD |

※EDT：アメリカ東部夏時間　サマータイムが終了するとEST（6:00 ～ 18:00）になる

フォロー・ザ・サン運用のメリットは以下のとおりです。

- ☑長丁場の障害対応を引き継ぐことができるので労務が悪化しづらい
- ☑最初からエンジニアが対応するため、未知の障害対応への対応スピードが速い
- ☑高いスキルを持ったエンジニア人材を集めやすく、SRE組織（→**7.2.2**)を作りやすい
- ☑SREによって自動化を推進することができる

フォロー・ザ・サンは、夜勤やオンコールが少ない[注2]ため、労務環境が悪化しづらい体制です（すばらしいことに、長丁場の障害対応も引き継げるため、徹夜とは無縁です）。刺激も多く、相対的に優秀なエンジニアの調達がしやすい傾向にあります。

エンジニアによる運用組織であるSRE（→**7.2.2**) を作りやすく、システム運用分野の高度化（自動化や可視化など）を推進することができるのは大きなメリットです。システム障害の難易度に合わせてエスカレーションしていくパターン1の体制に比べ、障害対応の初動段階で高スキルエンジニアが対応するため、対応スピードも速くなります。

このように多くのメリットがあるため、条件が許すのであれば、この体制を推奨します。

ただし、グローバル拠点が必要であり、パターン1（監視オペレーター＋オンコールエンジニア）、パターン2（同一拠点のオンコールシフトエンジニア体制）よりもコストがかかるため、この体制を選択するにはある程度企業が成長[注3]している必要があります。同じ海外拠点でも、コスト削減のためのオフショア体制とは目指しているものが違う点に注意してください。

---

注2) 理論上、夜勤はないのですが、実際の障害発生時には次のシフト時間まで残業することも多いため、「少ない」と表現しています。
注3) 最近はグローバルでのリモートワークを行うスタートアップ企業もあるため、フォロー・ザ・サン体制は大企業だけのものではなくなってきています。

オーソドックスなパターン1の運用体制と異なり、次の点に考慮して構築すべきです。

### ☑ 時差を考慮する

作業の引き継ぎなどでは時刻を伝える必要がありますが、時差があるため、作業漏れなどの事故リスクがあります。また、国によってはサマータイムがあるため、それも考慮する必要があります。両方の国の時間を併記する、どちらかの国の時間に片寄せして運用する、XX時間後といった相対的な時間管理をする、などの対処方法が考えられます。

### ☑ 時差によって拠点選びが制限される

時差は、拠点選びにも影響があります。海外拠点ならば、どこの国や都市でもフォロー・ザ・サンができるわけではありません。

たとえば2交代制シフトを前提とし、日本の夜勤切り替えのタイミングを22時とすると、アメリカ西海岸のサンフランシスコは朝5時（DST6時[注4]）、東海岸のニューヨークは朝8時（DST9時）になります。西海岸の都市を拠点として選択するのは厳しいでしょう。3交代制・3拠点であれば柔軟な選択が可能ですが、その分管理は難しくなります。

### ☑ 言語

コミュニケーションとシステム、両方の言語に注意を払う必要があります。拠点同士のコミュニケーションに使う言語は1つに統一することを推奨します。システムの言語も、人員調達の言語要件に影響します。特にエラーメッセージが日本語の場合、英語圏のエンジニアでは運用は難しい可能性があります。

その他にも、これはIT業界に限りませんが海外拠点の問題として、ビザ、文化、通信、法律[注5]（特に個人情報保護や情報保管場所について）などの課題があります。

---

注4) DST:Daylight Saving Time、サマータイム実施時です。
注5) 欧州では、特にGDPR（EU一般データ保護規則）に注意が必要です。

## 7.2.2 ◆ SRE組織とは

近年、システム運用の考え方として**SRE** (Site Reliability Engineering[注6]) が広まっています。SREは、Google社が提唱・実践している、インフラ管理やオペレーションの分野にソフトウェアエンジニアリングを適用させる原理原則で、スケーラブルで信頼性の高いサービスの提供をゴールとしています。

SREの考え方、そしてSRE組織は、すでに多くの先進的な企業のシステム運用で導入されています。Google SREの書籍は無料で公開[注7]されていますので、詳細はそちらを参照してください。哲学的な言い回しも多いため、理解が難しい点があるかもしれません。そのため、本書では、従来型運用組織と比較する形で、SREを解説していきます。

### SRE組織の担当範囲は従来型組織よりも広く、アプローチが異なる

SRE組織は、従来の運用組織と同じく、問い合わせ対応、システム障害対応、インフラ管理を担当していますが、積極的に自動化を行います（Toilの撲滅）。また、積極的に開発に関与し、開発・リリース環境についても担当します。従来型組織と同じ担当範囲があるため違いがわかりづらいかもしれませんが、自動化という観点でアプローチが大きく異なり、担当範囲はより広いものです。

### Toilを撲滅する

多くのオペレーターで構成される従来型の運用組織は、決められた作業や手順書を正確にやり続けることを目指しているのに対し、SRE組織は定型的な作業は自動化していきます。

SRE組織では、従来の運用組織の役割であった手作業による環境変更、障害対応を50%以内とし、それ以外を自動化やスケーリング、新しい運用機能

---

注6) 人を指す場合は、Site Reliability Engineerとなります。略称が両方ともSREとなるため、本書では、SREはEngineering、SRE組織はEngineerを指していると考えてください。
注7) https://landing.google.com/sre/books/

開発にあてます。「必要だが自動化可能な手作業」といったものはToilとして定義し、削減するようにしていきます。Toilの計測例については7.1.9を参照してください。

### ● 開発へ関与する

従来の運用組織は、開発の終わったシステムを受け入れるところから業務がスタートすることがほとんどでした。それに対してSRE組織では、開発組織と共にサービスレベルなどを策定し、合意していきます。求める可用性レベルなど非機能要件の策定において、SRE組織は大きく関与します。

また、SRE組織はCI/CD環境の提供といったリリースエンジニアリングを担っているため、テストやデプロイメントといった開発管理やポリシーの策定にも関与します。

従来の運用組織と同じく、システムを安定的・効率的に動かす役割を担っていますが、その手法や姿勢には大きな違いがあります。単純にオペレーターをエンジニアに入れ替えればSREが実現できるわけではありません。人、プロセス、マインド、内部統制[注8]の運用定義も含め、すべてを変える必要があります。

## 7.2.3 ◆ 従来型運用組織限界説の背景

DevOpsやSREの進展によって、近年では従来型運用組織は限界にきていると言われるようになりました。ここでは、その理由を解説します。

### ● システムの拡大への対応が難しい

従来型の運用組織は、マンパワーを中心としたアプローチです。そのため、システムの拡大に人員が追いつくことが難しくなります。ハードウェアを見積もり発注、ラッキング、キッティングしていた時代は終わりました。現代は、Webコンソール上の数クリックで監視対象ノードを増やせる時代です。

---

注8) SOX対象システムの場合、統制記述の再検討は必須です。

その一方で、昔も今も、人は簡単に増やすことができないのです。

### システムの変化への対応が難しい

従来の開発は、ウォーターフォール型／V字開発ラインのもとに行われていました。

**ウォーターフォール型／V字開発ライン**

運用組織は、受け入れ工程やサービストランジションといった工程でシステムを受け入れ、業務をスタートしていました。リリースは大規模ですが頻度は少なく（半年～1年に1回、ときにはもっと長く）、開発と運用が分断されていても問題はありませんでした。逆にそのほうが効率的なことすらありました。

一方で、アジャイル開発では1つのスプリント（イテレーション）は1～2週間で設定され、頻繁にリリースが行われます。開発と運用の境目がなく一体的、もしくは運用がスプリントレビューに参加するなど並走する必要があります。

## アジャイルでは1～2週間のペースでリリースが行われる

開発部門と運用部門は一体、
もしくは並走している状態（DevOps）

開発チーム　運用チーム

Illustration showing stages in a DevOps toolchain
© Kharnagy（CC BY-SA 4.0）をもとに作成
https://ja.wikipedia.org/wiki/DevOps#/media/
ファイル:Devops-toolchain.svg
https://creativecommons.org/licenses/by-sa/4.0/

（参照）スクラムリファレンスカード
http://scrumreferencecard.com/ScrumReferen
ceCard_v1_3_jp.pdf

## ● システムの複雑性への対応が難しい（マイクロサービス）

　**モノリス**と呼ばれる従来型のシステムは、単一のアーキテクチャの上で複数のアプリケーションが稼働します。複数のアプリケーションは、たとえばデータベースのテーブルを共有するなど密結合で依存関係にあります。そのため、リリースは整合性を取るために足並みを揃えて行います。

　それに対して**マイクロサービス**は、サービスごとに分散して独立した状態で稼働し、APIを経由してサービス間の呼び出しを行います。これにより、サービスごとにリリースを行い、コンテナの中で自由にミドルウェアを構成できます。少人数のスクラムチームが、並列に並び高速にリリースを行うアジャイル開発の利点を引き出す構成とも言えます。

モノリス

マイクロサービス

マイクロサービスのメリット：
Agility ビジネスの変化に強い

・サービスごとの技術選択が可能
・リリースが容易
・（正しく作れば）障害回復性が高い

マイクロサービスのデメリット：
全体運用が複雑になりやすい

・サービスごとのチーム、オーナーが存在し、全体管理者が不在
・特定のサービス障害の影響が他サービスに波及すると、原因究明が困難になりやすい
→そのため、運用方式は揃える必要がある

第<br>7<br>章<br><br>組織の障害対応レベル向上と体制作り

　マイクロサービスはシステム障害の影響が他のサービスに波及しないとも言われていますが、一概にはそう言えないケースもあります。共通的なサービス（たとえば認証など）にシステム障害が発生すると、影響が波及することも多いです。

　マイクロサービスのデメリットは、システムの複雑性が増すことにあります。多くのマイクロサービスが稼働する大規模な分散システムにおいてサービス間の呼び出しが増えると、どこかのサービスで問題が起きた際に原因を特定するのが困難になります。

　そのため、共通的な運用設計・運用機能（たとえばログ監視の共通化、

Istioなどのサービスメッシュ機能[注9]）が必要になります。運用組織がアーキテクチャに関与せず、複雑性をコントロールすることに取り組まない場合、本番環境で動くシステムを理解するのが難しくなります。当然、システム障害対応も非常に困難です。

### ● 従来型の運用組織が不要になるわけではない

システムの規模、変化のスピードや複雑性によって、従来型運用組織ではシステム運用が難しくなってきた背景を述べました。

だからといって従来型運用組織が不要になるかというと、決してそうではありません。ウォーターフォール型の開発やモノリスなシステムは今後も必要であり、残り続けるものだからです。アジャイルは、複雑で不確実なビジネスシステムに適した開発手法であり、変化が少なく確実（つまり税率を変更するなどシステムの変更要件が明確な開発）なシステムであれば、ウォーターフォール型開発が向いています。運用組織についても同様で、従来型運用組織もSRE組織も向き、不向きがあります。

ですが、SRE組織ではないから自動化しないというのは誤った考え方です。システムを安定的・効率的に動かし改善することは、従来型組織もSRE組織も同じです。従来型の運用組織であっても、たとえば別のチームの組織と協業するなどして自動化や可視化に取り組んでいく必要があります。

### ● デジタルトランスフォーメーション（DX）が運用組織の変革をもたらす

運用組織単体で、従来型運用組織とSREを比較するのはあまり意味がありません。ビジネスモデルの変化が、業務・ITすべての変化をもたらしている状況にあり、その1つの要素としてSREが登場したと考えています。新しいビジネスモデルや企業競争力強化のためにすべてを変革していくことを、**デジタルトランスフォーメーション（DX）**と呼んでいます。

経済産業省のDXレポート[注10]では、DXの足かせとなる古いアーキテクチャ

---

注9) サービスメッシュは、Proxyを使用してマイクロサービス間の通信を管理・制御するための技術です。
https://archive.eksworkshop.com/advanced/310_servicemesh_with_istio/
https://en.wikipedia.org/wiki/Service_mesh

（技術的負債）を解消できない場合、2025年以降年間12兆円の経済損失が発生し、ビジネスの敗者になるとしています。これを2025年の崖と呼び、各企業にシステムの刷新を促しています。

こういった動きは、単なるシステムのリプレースではありません。ビジネスモデル、業務フロー、IT技術や組織もすべて変革するから「トランスフォーメーション」なのです。この中には運用組織も含まれています。

以下の表は、ビジネスモデルの変化が運用にもたらす影響を示したものです。個別の要素はこれまでの章で解説したものが多く、詳細は割愛しますが、各要素をつなげて考えてみましょう。

**▌ビジネスの変化がもたらすITと運用手法への影響**

| | 従来のビジネスとIT | デジタルを活用したビジネスとIT |
|---|---|---|
| ビジネス | ・大規模だが変化が少ない<br>・バックオフィス、基幹系 | ・変化が激しい、拡大も撤退も早い<br>・デジタル技術を活用したビジネスモデル |
| ITへの考え方 | ・業務効率化 | ・ITがビジネスそのもの |
| 開発手法 | ・ウォーターフォール、V字開発モデル | ・アジャイル、スクラム、テスト駆動開発 |
| アーキテクチャ | ・モノリス、長大なバッチ処理、個別最適のスクラッチ | ・マイクロサービス、クラウドネイティブ、スケーラブルな構成 |
| 組織と学習 | ・コンポーネント別組織<br>・専門家が担当範囲を学ぶ | ・機能横断型フィーチャーチーム<br>・チームとして不足部分を学ぶ<br>・高頻度なふりかえりによる学習 |
| 重視する非機能要件 | ・信頼性<br>・壊れないように作る | ・回復性、可観測性<br>・壊れる前提（防御的実装） |

➡続く

第7章 組織の障害対応レベル向上と体制作り

注10)『DXレポート〜ITシステム「2025年の崖」克服とDXの本格的な展開〜』／経済産業省
https://www.meti.go.jp/shingikai/mono_info_service/digital_transformation/20180907_report.html

| | 従来のビジネスとIT | デジタルを活用したビジネスとIT |
|---|---|---|
| リリース | ・低頻度な大規模リリース<br>・重厚な立ち会い作業、手作業構築 | ・高頻度な小規模リリース<br>・CI/CD、カナリアリリース、宣言的リリース |
| 開発と運用の関係 | ・引き渡し／受け入れ | ・一体もしくは並走型、運用もビジネスを理解し、非機能設計や開発手法へ関与する |
| セキュリティの考え | ・クローズドネットワークによる防御 | ・ゼロトラストセキュリティ |
| 運用ツール | ・バッチ処理や古いアーキテクチャもカバーするフル機能 | ・小規模から使用できる監視機能<br>・SaaS型、プラットフォーマー提供型 |
| 運用組織 | ・オペレーター＋エンジニア | ・SRE |

### ◉ ビジネスモデルやITの考え方の違い

従来のビジネスは変化が少なく、ITに対する考え方も業務効率化を目的としており、バックオフィスや基幹系が中心でした。一方、デジタル技術を活用した新しいビジネスモデルでは、ITはビジネスそのものに近く、変化が激しく拡大も（そして撤退も）早いものです。

### ◉ 開発手法の違い

大規模かつ変化の少ないシステムでは、ウォーターフォール型の開発が向いており、オフショアも活用した大規模な開発が行われていました。一方、変化の激しいビジネスでは、頻繁な要件変更が行われるため、ウォーターフォール型の開発は不向きであり、アジャイル開発が主流となります。テスト工程でまとめてテストするV字開発モデルではなく、テストコードとプロダクションコードが並走するテスト駆動開発を行います。

### ◉ アーキテクチャの違い

基幹系のシステムはモノリスな作りであり、長大なバッチ処理も多く稼働

します。一方でアジャイル開発では、複数のスクラムチームがそれぞれのサービスを開発していきます。そのため、マイクロサービスといった疎結合な作りになっていきます。変化の激しいビジネスは、取り扱うデータやトランザクション数のボラティリティも高く、スケーラブルな構成が必要になります。そのため、選択するアーキテクチャはクラウドネイティブを前提としたものになります。

### ◉ 組織と学習

　モノリスなアーキテクチャを選択する場合、モノリスの構成要素（コンポーネント）別に大規模な組織を作ることが効率的であり、それぞれの担当領域の専門性を高めていきます。一方でスクラムでは、小規模な機能横断型のフィーチャーチームが複数存在し、短期的な効率よりもチームとして学習することを重視します。スプリントのたびにふりかえりを行い、学習していきます。

### ◉ 重視する非機能要件の違い

　モノリスなアーキテクチャでは信頼性を重視し、いかに壊れないように作るかということに注力します。一方で、マイクロサービスやクラウドネイティブなアーキテクチャでは、自サービスや関連サービスが障害になっていることを考慮した防御的実装を行い、回復性（Resiliency）を重視しています。

　防御的実装では、たとえば一時的な呼び出し失敗に備えた「リトライ」[注11]、継続的な呼び出し失敗に備えた「サーキットブレイカー」、呼び出し元からの過剰なリクエストを抑制する「スロットリング」、パフォーマンスの低下に備えた「タイムアウト」などがあり、自サービスや関連サービスが障害になることを前提とした実装を行います。

　回復性は、障害が起きても元の状態に復帰し処理を再開できる能力です。そのためにアプリケーションは、繰り返し処理できる「冪等性」、各サービスの依存関係をなくした「非同期処理」などの特性を持ちます。また、サー

---

注11）このリトライ間隔（バックオフ）は、定数よりも指数的もしくはランダム（jitter）に調整することでサーバ負荷を分散できます。

ビス全体を運用するためには、可観測性 (Observability) といった観点も重要視します (→**6.2**)。

このように、非機能設計の多くが「アプリケーションのつくり[注12]」によって実現されており、従来のようにインフラチームだけが考えることではなくなりました。

## ● リリースの頻度と手法の違い

モノリスなシステムでは、それぞれのサービスが密結合であるため、影響調査に時間がかかり、整合性を取るためには足並みを揃えたリリースが必要となります。ビッグバンリリースと呼ばれるような、低頻度で大規模なリリースが行われます。また、小規模なインフラ環境変更の場合でも、実機に入り手作業のコマンド実行により対応します。

一方でアジャイルでは、高頻度かつ小規模なリリースを行います。これを実現するために、CI/CD環境、新機能を試しながらリリースするカナリアリリースといった手法、環境変更を実機で手作業で行うのではなく、YAMLファイルに構成情報を記載し自動で環境変更を行う宣言的なリリースが必要となります。

## ● 開発と運用の関係

ウォーターフォール開発やコンポーネント型の組織では、システムを引き渡す／受け入れるといった関係が効率的でした。一方でDXの世界では、開発と運用は並走もしくは一体であり、運用組織もビジネスを理解し、特に非機能要件に関するアーキテクチャに積極的に関与します。

---

注12) クラウドネイティブやマイクロサービスに関する設計パターンは多数公開されていますが、参考になる文献をいくつか紹介します
『マイクロサービスアーキテクチャ 第2版』／Sam Newman［著］／佐藤直生［監修］／木下哲也［訳］／オライリー・ジャパン (2022年)
「Azure向けクラウドネイティブ.NETアプリケーションの設計」／Microsoft
https://learn.microsoft.com/ja-jp/dotnet/architecture/cloud-native/application-resiliency-patterns
「AWS-21：モダンアプリケーションのためのアーキテクチャデザインパターンと実装」／AWS
https://resources.awscloud.com/aws-summit-online-japan-2020-on-demand-aws-sessions-1-82341/aws-21-aws-summit-online-2020-720p-1

## 開発と運用の関係

開発チーム

高頻度な
リリースと
新機能による
手動運用の増加

**システム運用**

手動運用

自動運用

・手動運用を最小化させるための非
　機能要件、アーキテクチャへの関与
・開発リリース環境の提供（リリー
　スエンジニアリング）
・自動化のための継続的なエンジニ
　アリング

運用チーム

### 運用ツールの違い

　古いシステムでは、専用の監視ソフトや、バッチ処理を制御するための運用ツールが必要になります。そして、クローズドネットワークによるセキュリティ確保が中心であったため、SaaS型の運用ツールは利用の障壁となっていました。

　一方でDXの世界では、小規模なビジネス・システムからスタートし、途中で撤退することも考えられるため、サブスクリプション契約でSaaS型の監視ツールが好まれます。ゼロトラストという、ID管理を中心としたセキュリティの考え方の変化により、ネットワークがSaaS利用の制約になることもありません。

### 運用組織の違い

　大規模で変化が少ないシステム、コンポーネント別の組織、ウォーターフォール型の開発では、定型的な作業を中心とした従来型の運用組織（オペレーター＋エンジニア）が向いています。

　DXの世界では、ビジネスの変化のスピードが早く、高頻度なリリースが必要となるため、開発と運用の並走が必要です。ビジネスとシステムの変化のスピードについていく必要があるため、マンパワーで運用を支えきることはできません。エンジニアリングによって対応していく必要があります。そ

のため、多くの企業でSRE組織（→**7.2.2**）が必要とされるようになりました。

　従来型のビジネスモデルやシステムがなくなるわけではありませんが、従来型の運用組織であったとしても、自動化の推進や可観測性への取り組み、そして開発やビジネスへの関与など多くの取り組むべき事項があります。Biz-Dev-Ops一体での変革を行いましょう。

## このセクションの まとめ

　このセクションでは、障害対応を担う組織体制のパターンや、従来型の定型運用とSREの違いなどを解説しました。

・障害対応を担う運用組織のパターン
　☑ 24/365体制のオペレーター＋オンコールエンジニア
　☑ オンコールエンジニアによるフォロー・ザ・サン体制

・SREについて
　☑ Google社が提唱・実践している、インフラ管理やオペレーションの分野にソフトウェアエンジニアリングを適用させる原理原則
　☑ スケーラブルで信頼性の高いサービス提供をゴールとする
　☑ SRE組織では自動化・スケーリング・新しい運用機能開発も行う

　システムの拡大・変化・複雑性へ対応する場合、従来型の運用組織や手法では困難になりつつあります。一方で、変化の少ないシステムでは従来型の運用組織のほうが適しているケースもあります。ビジネスや運用対象システムの状況次第でベストな組織は変わってくるのが実情ですが、どのような運用組織であっても、システムの安定性や自動化は継続的に取り組む必要があります。

　障害対応を担う組織の目指す方向や、取り組むべきポイントが見えてきました。次の章では、障害対応を改善するための手法を解説します。

# 第8章

# システム障害対応力の改善と教育

　障害対応に強い組織を作るためには、継続的な改善や教育が必要です。この章では、改善手法や教育について解説します。

　8.1では継続的な改善として、ポストモーテム、なぜなぜ分析、プロアクティブな改善の解説を行います。ポストモーテムとなぜなぜ分析は障害が発生した後に行うものであり、プロアクティブな改善は、障害や対応の問題が発生する前に行うものです。本書では、システム障害そのものではなく、障害対応にスコープをあてた実施例を載せています。

　8.2では、障害対応力を強化するための訓練として、BCP訓練やカオスエンジニアリングの解説を行います。また、教育の手段としてシャドーイングなどの代表的な例を紹介しています。

# 8.1 組織の障害対応力の継続的な改善

このセクションでは、組織の障害対応力を改善していくための手法について解説します。システム障害に対する分析・改善には、「システムの品質」「システム障害対応の品質」という2つのスコープがあることに留意してください。システム品質については、なぜそのシステム障害が起きたのか、どうすれば防ぐことができたのか、などを分析し改善していきます。一方、システム障害対応の品質については、障害対応は適切だったか、どうすればもっと早く復旧することができたか、などを分析し改善していきます。

「システムの品質」の場合、問題が関係者の目に直接触れているので分析・改善を進めやすいのですが、「システム障害対応の品質」については、喉元過ぎれば熱さを忘れる中で行っていない組織も多いようです。そこで本書では、後者を重視して解説します。

## 8.1.1 ◆ システム障害のふりかえり～ポストモーテム

4章の事後対応(→4.5)でも紹介しましたが、システム障害対応が完了し、落ち着いたタイミングでふりかえりを実施します。ふりかえりでは、システム障害を分析し、再発防止策を検討し、実行します。Google SRE(→7.2)ではポストモーテム(検死解剖)として紹介されています。レトロスペクティブと呼ばれることもあります。

ポストモーテムでは、システム障害内容と根本的な原因、改善策や教訓についてドキュメント化し、障害対応チームで話し合います。そして、合意した改善策を実施します。ポストモーテムは新人育成にも有効なドキュメントです(→9.2.1)。ポストモーテムのドキュメントには次のような内容を含みます。

**┃ポストモーテムの例**

| 項目 | 主な内容 |
|---|---|
| システム障害の内容 | 事実関係（何が起きて何をしたのかを記載する）<br>・概要<br>・現在の状況（障害ステータス）<br>・経過情報<br>・発生原因<br>・影響範囲<br>・復旧対応<br>・本格対策 |
| システム障害の分析 | 障害分析内容<br>・障害が起きた根本原因<br>・障害対応内容の検証 |
| 得られた教訓 | 教訓<br>・うまくいったこと<br>・うまくいかなかったこと<br>・幸運だったこと |
| 改善策 | 再発防止策や課題解決策 |

　「システム障害の内容」には、事実関係を記載します。障害状況ボードなどの記録をベースに記載すると良いでしょう。

　次に「システム障害の分析」を行います。ここには、障害を引き起こした直接的な原因ではなく、根本的な原因を記載します。たとえば、プログラムのバグが直接原因であるならば、なぜテストで検出できなかったのか、などを深堀りしていきます。これは、なぜなぜ分析という手法が有効ですので、後ほど紹介します（→**8.1.2**）。

　加えて、システム障害対応の内容が適切であったかどうかの検証も行います。たとえば、報告のタイミングや復旧方法の妥当性などを確認します。

　「得られた教訓」として、うまくいったこと、うまくいかなかったことを話し合います。KPTという手法がありますので、後ほど詳しく解説します（→**8.1.3**）。

幸運だったことというのは、システム障害対応における特徴的なふりかえりです。障害対応は、運に左右されることが多いのも事実です。システム障害発生時にたまたま有識者がオフィスにいた、運良くユーザが使用していないタイミングでシステム障害が発生した、などです。こういった幸運は続きませんから、運に左右されない改善策を推進する必要があります。

　最後に、障害分析の結果や教訓から「改善策」を検討し、合意された再発防止策や課題解決策を実行します。

　ポストモーテムを実施する際には、以下のポイントに留意する必要があります。

### ）Point 非難を行わない

　発生原因に関わる人に対して非難を行わないようにします。ふりかえりが責任追及の場になるとネガティブな空気になってしまい、問題を隠すようになります。

### ）Point 時間をあけずに行う

　障害対応が落ち着いた後、できるだけ時間をあけずにふりかえりを行うことを推奨します。特にシステム障害対応内容の検証は、時間が経てば経つほど記憶が曖昧になり、効果的なふりかえりが難しくなります。

### ）Point 障害対応中に判断に迷ったことなども言語化する

　結果として問題にならなかったとしても、障害対応中にモヤモヤしたことがあれば、ふりかえりの場で提示し言語化しておきましょう。たとえば、「深夜帯だったため上司に連絡するかどうか悩んだ」「エラーメッセージが読みづらく判断に迷った」などです。

### ）Point 後学に使えるようにする

　ポストモーテムによって作成されたドキュメントは、誰でも読める状態にしておきましょう。各ポストモーテムから教訓だけをまとめたものを公開する手法も有効です。

**Column** 外部向けのオフィシャルな障害報告書とは異なる

　ポストモーテムによるドキュメントも障害報告書と呼ばれますが、顧客向けの障害報告書（→**3.2.8**）とは役割が異なります。ポストモーテムは、あくまでも組織内部の改善のために行うものです。

▌顧客向け障害報告書とポストモーテムの違い

| | 顧客向けの障害報告書 | ポストモーテム（レトロスペクティブ） |
|---|---|---|
| 目的 | 顧客内の障害管理 | ふりかえりによる気付きをチームで共有し改善 |
| 重視すべき点 | ・（顧客組織内で報告を行うための）影響把握<br>・（顧客担当が自組織内でクローズさせるための）再発防止策 | ・気付きを言語化することによるチームの学習と成長<br>・システムやプロセスの向上 |
| 共通点 | 5W1Hでわかりやすい表現 | |
| 異なる点 | ・謝罪<br>・正式な報告書として、当局に転送されても特に問題がないレベルの形式 | ・ポジティブな雰囲気<br>・後人に読ませる物語（ときに叙情的） |

## 8.1.2 ◆ 根本原因の深堀り〜なぜなぜ分析

　ここでは、根本原因の分析や改善策を導き出す手法として、**なぜなぜ分析**を紹介します。

　なぜなぜ分析は、トヨタ生産方式の1つで、問題に対して問題を引き起こした要因を提示し、その要因に対する要因の提示を繰り返すことによって真の問題（根本原因）を見つけ出すためのものです。効果的な再発防止策を考えるために有効な手段です。

　ある事象を起点に、原因の深堀りを行い、再発防止策を検討します。以下

第8章 システム障害対応力の改善と教育

は、システム障害対応時の問題に対する原因分析の例です。

**| なぜなぜ分析による原因分析の例**

☑ 1. 事象のピックアップ

　原因の深堀りを行う問題（事象）をピックアップします。複数の事象がある場合はすべてを提示し、それぞれの事象をなぜなぜ分析の起点とします。ただし、1つのボックスに書く事象は1つとします。

☑ 2. なぜ［1回目］

　次に、その問題を引き起こした要因を提示します。複数の要因がある場合は、分岐させすべての要因を提示します。ただし、ここでも1つのボックスに書く要因は1つだけです。これが「なぜ」の1回目です。

☑ 3. なぜ［2回目～5回目］

　1回目の「なぜ」で提示された要因に対して、引き起こした要因を提示します。要因同士が論理的なつながりを持つようにし、論理を飛ばしていきなり結論に至らないように注意してください。うまくできていたことも記載し、

「問題なし」としておきます。こうすることで、レビュアーは原因の深堀り漏れなのかどうかを判断できます。

このようにして「なぜ」を5回[注1]繰り返し、問題を解決するうえで必要な根本原因を見つけ出します。

### ☑ 4. 再発防止策の策定

分析によって見つけ出された根本原因に対する改善策を策定します。なぜなぜ分析がうまくできている場合は、再発防止策から事象まで逆から辿っても論理的なつながりをもっています。

システム障害対応の原因分析における、なぜなぜ分析実施のポイントは次のとおりです。

### ▶Point 要因を人や精神論に帰結させない

なぜなぜ分析は、責任追及のために行うものではありません。また、要因を人や精神論に見出したとしても、問題の根本的な解決にはならない場合がほとんどです(担当者が変われば問題が再発する可能性があるため)。

たとえ原因がヒューマンエラーであったとしても、プロセスやシステム、ツールなどの仕組みでカバーできるようにしましょう。

### ▶Point 改善が不可能な方向に分析を進めない

改善できないことを検討しても意味がありません。改善不可能な方向に分析が向かないようにしましょう(向かうようであればそこで止める)。

### ▶Point 作り込み原因、流出原因、不適切な対応を行った原因の 3つに対して分析を行う

作り込み原因とは、不良を作り込んでしまった原因です。たとえば仕様に認識の誤りがあった、設計書の記載に誤りがあったといったものです。どの

---

注1) 5回はあくまでも目安です。問題を解決できる改善策にたどり着いていることが重要であり、もっと多くても少なくても良いです。

工程で作り込まれたのか、どのようなインプットがあり、なぜ不良を作り込んだのか分析をしていきます。

2つ目の流出原因とは、その不良を見逃してしまった原因です。たとえばテストケースに不備があった、レビューで検出することができなかったなどです。

3つ目の不適切な対応とは、復旧が遅れた原因です。たとえば、監視基盤や通知基盤に問題があり、障害対応チームへの連絡が来なかったようなケースです。監視設定に適切なしきい値が設定されておらず、異常を検知できなかったということはよくあります。そして、システム障害対応時に問題があり初報が遅れてしまったり、対応に誤りがあり二次被害が発生してしまったりといったケースもここに含まれます。システム障害対応に問題がなければ、この分析は行わないこともあります。

### ◗Point 再発防止策は具体性をもった記載を行う

よくあるのが、「関係者に"周知"させます」「確認を"徹底"させます」で再発防止策が終わっているケースです。関係者にメールを送っただけか？ 勉強会などを行ったのか？ チェックリストを作ったのか？ 多くのやり方があり効果にも違いがあるので、具体的にどのように周知させる対策をとったのか明記しましょう。

### ◗Point 再発防止策をマンパワー頼みにしない

ヒューマンエラーを防ぐための対策は非常に重要です。一方で、マンパワーの増加を防いでいくことも重要です。「ダブルチェックが駄目だったので、トリプルチェックにします」といったマンパワー頼みの対応は、必ずほころびが生じます。

問題自体が発生しないアーキテクチャに変更するという抜本的な対策を検討していくことも必要です。手作業による問題が起きたのであれば、手順書を改善（→11章）するだけでなく、手作業自体が不要なシステムへの変更を検討しましょう。

### ● Point チェックリストの形骸化を防ぐ

　よくある対策例が、チェックリストへの項目を追加するといったものです。チェックリスト自体は、レビュアーの個人的なスキルやひらめきに頼らず、レビュー観点を標準化できるため有効な手段の1つではあります。ただし、チェックリスト項目が増えるほど、漫然と行うことが増え、形骸化しやすいデメリットがあります。そのため、なぜそのチェックを行うのか、目的や経緯などもわかるようにしておくことや、作業パターンに応じて不要なチェックは非表示になるような工夫が必要です。

**┃なぜなぜ分析実施のポイント**

## 8.1.3 ◆ 教訓と改善策～KPT

　続いて、ふりかえりの手法として**KPT**を紹介します。KPTは、アジャイル開発で広まったふりかえりの手法です。

　KPTでは、Keep（良かったこと・継続していくべきこと）、Problem（問題なので改善するべきこと）、Try（次に取り組むべきこと）の順に検討し、アクションプランを立てます。大仰なレビュー会議ではなく、ワークショップ

の雰囲気で行われます。

次の図は、システム障害対応に対するKPTの例です。

**┃システム障害対応に対するKPTの例**

☑1. 事前準備

ホワイトボードと付箋を用意します。ホワイトボードにはKeep、Problem、Tryの欄を書きます。KeepとProblemは左側に記載し、Tryは右側に記載します。なぜそうするかと言うと、KeepとProblemからTryへの線や矢印を追記することで、対応関係をわかりやすく表現する場合があるためです。

☑2. 個人ワーク

最初に個人ワークを行い、各人がKeep、Problem、Tryを付箋に書き出していきます。すべてを書き出しても良いですし、KeepやProblemだけでもかまいません。この個人ワークの時間では、意見交換は行わずにまとめてい

きます。これにより、他人の意見に左右されないで意見を出すことができるようになります。

☑ 3．チームで共有

個人ワークの後は、チームで共有します。個人ワークで書き出した付箋をホワイトボードに貼っていきます。このとき、意見を言いながら貼っていくようにします。通常の会議だと声の大きい人の意見に左右されてしまうことが多いのですが、一人ひとりの意見を議論する時間を用意すると、チームとしての学習に有効です。

「Keep」については、うまくいったこと、継続していくべきことを共有します。単にホワイトボードに貼るだけでなく、内容に疑問があったり、他に付随して良い点があったりする場合にはチームで議論しましょう。

「Problem」では、問題があったことや改善すべきことを共有します。ここでは、顕在化した問題点だけではなく、障害対応の中で感じたモヤモヤも共有するようにしましょう。チームで共有する流れの中で、言語化され改善に結び付いていきます。

「Try」では、これまでに出てきたKeep、Problem（インプット）に対して改善案のアイデアを出していきます。Problemに対する改善案はもちろん、Keepに挙げられた良い点をどうやったら維持できるか、さらに良くするにはどうするかといった観点でTryを出していきましょう。また、KeepやProblemと紐付けながら作業を行うと、議論が収束しやすくなります。

☑ 4．アクションプラン

Tryの洗い出しが完了したら、それを実行計画にします。項目ごとに優先度を付け、期限、担当者を決めます。

システム障害対応におけるKPT実施のポイントは次のとおりです。

### ▶Point ポジティブな空気作りを重視する

他の改善手法と同じですが、障害対応はネガティブなテーマですから、個

人に対する非難を避けるようにしましょう。ファシリテーターは、空気作りに注意してください。

### ▶Point 障害対応時に気付いた点は書き溜めておく

障害対応のシーンではさまざまな事態が起こります。余裕があればということになりますが、後になってKeep、Problemを書き出そうとしても出てこない場合があるので、気付いたそのときにメモをするようにしましょう。

### ▶Point 付箋に番号を振って対応関係をわかりやすくする

たとえばKeepなら「K1」「K2」、Problemなら「P1」「P2」のように付箋に番号を振ります。Tryには対応するKeep、Problemの番号を記載しておくと、TryがどのKeep／Problemに対応しているのかわかりやすくなります。

### ▶Point Tryに対応規模を記載し、優先度を決めやすくする

あくまで概算の、相対的なものでかまわないので、大・中・小といった対応規模を記載しておきます。

### ▶Point Tryを優先度順に並び替える

上から優先度の高い順に並び替えます。緊急度が高いもの、対応規模が小さいものを高い優先度として並び替えることを推奨します。

## 8.1.4 ◆ プロアクティブな改善活動

これまで解説した改善の手法は、問題が起きてから改善策を検討するものでした。これらはリアクティブな改善活動と呼ばれます。それに対して、問題が起きる前に改善を行うのが**プロアクティブな改善活動**です。

プロアクティブな改善活動では、システムやプロセスに対して、測定、分析、改善のサイクルを定期的な活動として継続的に行います。

**プロアクティブな改善活動のサイクル**

☑ 0. 改善活動の準備

改善対象のシステムやプロセスを決めます。改善の目的、測定項目、測定方法などを決定します。

**障害対応の改善を目的とした測定項目・測定方法の例**

| 目的 | 測定項目 | 測定方法 |
|---|---|---|
| 対応時間の改善 | 事象の検知から初報までにかかった時間 | 障害記録データベースより集計 |
| 対応時間の改善 対応効率の改善 | 既知のシステム障害に対して自動復旧した割合 | 運用監視基盤ログより集計 |
| 対応時間の改善 対応品質の改善 | 顧客からのクレーム数 | ヘルプデスクチケット管理システムより集計 |
| 対応時間の改善 対応品質の改善 | 合意されたサービスレベルを満たせなかったシステム障害数 | 障害記録データベースより集計 |
| 対応品質の改善 | 不適切な対応によって発生した二次被害の数 | 障害記録データベースより集計 |

☑1．測定

　分析に必要なメトリクス（測定基準）データを取得・蓄積し、モニタリングします。改善活動の準備段階で規定された取得方法でデータを取得します。データの取得元は、障害対応の記録が行われているインシデントチケット管理ツールや障害管理データベースなどです。

☑2．分析・要因仮説

　分析には、定性的な分析と定量的な分析があります。

　定性的な分析は、クレームやミスなどの「内容」に対して分析を行います。それに対して定量的な分析は「数量」に対する分析です。プロアクティブな改善は、定量的な分析を中心に行います。数量には、SLA／KPI／メトリクスなどさまざまな名称が付けられますが、呼び名はどれでもかまいません。

　エラー数など、メトリクスをもとに分析を行います。数値の変化がなぜ起きたのか、といった要因仮説を1つ以上立てます。

☑3．改善策の検討と実行

　2で立てた要因仮説に対して改善策を検討します。改善策は、緊急度や費用対効果による優先度を付けて実行します。

　改善策の実行後（もしくは実行中）にも、「1．測定」「2．分析・要因仮説」「3．改善策の検討と実行」を行い、プロアクティブな改善活動のサイクルを回します。改善策によって改善効果が得られていれば、測定結果に反映されるはずです。

　効果が得られていない場合には、その要因を分析します。要因はおおむね3つのタイプに分かれます。

☑要因仮説が誤っていた
☑改善策が誤っていた
☑実行方法が間違っていた、もしくは実行できなかった

分析の結果得られた要因に対し、新たな改善策を実行します。

**▌システムに対するプロアクティブな分析活動の例**

以下は、システム障害対応プロセスに対するプロアクティブな改善活動の例です。どのプロセスに対しても、分析活動の流れは同じです。

**▌システム障害対応プロセスに対するプロアクティブな改善活動の例**

プロアクティブな改善活動のポイントは次のとおりです。

## ◖Point◗ 定期的な活動としてプロセスに組み込む

週次、月次といった定期的な活動で報告を行うことにより、形骸化を防ぎます。また、測定値の推移を分析するためには、定点での分析が有効です。

## ◖Point◗ 測定値の集計は自動で行う

どんなに活動の目的が崇高で、活動の成果が上がっていたとしても、測定にかかる作業負荷が高い場合、形骸化しやすくなります。自動で集計できないものは測定しない、といった割り切りも必要です。

## ◖Point◗ 業務プロセスを標準化し、ツールに統合することで測定する

Toilの測定例（→7.1）でも触れていますが、業務プロセスを標準化し、ツールに統合することで、測定を適正化し効率的に行うことができます。標準化されていない業務は、バラツキが大きく数値自体に意味がなくなってしまうため、業務プロセスの標準化が重要です。そして、業務をツールに統合しデータを取得することで、自動的な計測ができます。ツールを選定する際は、機能面だけでなく、データのエクスポートなど分析に必要な機能を有しているか確認しましょう。

## ◖Point◗ データに基づく改善を行う

改善策を推進する場合に、改善の根拠が薄弱で主観的な理由付けの場合、反発を受けて実施が進まないことがあります。一方、データに基づく分析であれば客観的な指標になるため、反発を受けづらいものとなります。さらに、効果が数字に表れるのでモチベーションの維持にもつながります。

## ◖Point◗ スモールスタートで進める

いきなりすべてのプロセスやシステムに改善プロセスを導入しようとすると、議論が発散して時間を浪費し、最終的には霧散することがあります。どんなに小さいシステムやプロセスでもかまわないので、まずは導入し、効果を実証・実感して拡大していくことを推奨します。

**●Point 改善プロセス自体も改善の対象とする**

　一度決めた測定項目に固執するのではなく、状況に合わせて分析範囲・方法を改善していきましょう。改善プロセス自体も改善対象です。

**●Point 改善できないものを分析対象にしない**

　たとえば、外部システムからの障害通知時間などは改善できない可能性があります。これらは分析しても意味がないため、対象から外しましょう。

## このセクションの まとめ

　このセクションでは、組織の障害対応能力を改善していくための手法について解説しました。

・ポストモーテム
　☑ システム障害のふりかえり活動
　☑ 障害内容・分析・教訓・改善策などをチームで共有する

・なぜなぜ分析
　☑ 問題を引き起こした要因の提示を繰り返し、根本原因を見つけ出す
　☑ 効果的な再発防止策を考えるために有効な手段

・KPT
　☑ Keep、Problem、Tryの順で検討し、アクションプランを立てる
　　ふりかえりの手法

・プロアクティブな改善活動
　☑ 問題が起きる前に改善する活動
　☑ システムやプロセスに対して、測定、分析、改善のサイクルを定期
　　的・継続的に行う

●平均値を利用するときはデータの傾向に注意する

測定項目に平均値を利用するケースが多いですが、利用する際は注意しましょう。平均値は、相対的な比較を行うのに便利な値ですが、外れ値の影響を受けやすく、データ集団の平均値を表すわけではありません。

以下は、ユーザからの画面リクエストに対するターンアラウンドタイムの平均値を取ることによって、サービス品質の測定を行う例です。画面1と画面2はほぼ同じ平均値ですが、画面2の場合、Req5が突出して大きな値となっており、平均値による管理には向いていません。平均値ではなく、たとえば（おそらくユーザの不満につながっていると思われる）5,000msec以上のリクエスト件数に着目したほうが正確な分析が可能になります。

▌平均値の利用に向かない例

| 画面 | リクエストID | ターンアラウンドタイム（msec） |
|---|---|---|
| 画面1 | Req1 | 1,109 |
| | Req2 | 1,143 |
| | Req3 | 1,194 |
| | Req4 | 1,125 |
| | Req5 | 1,170 |
| | 平均 | 1,148 |
| 画面2 | Req1 | 180 |
| | Req2 | 120 |
| | Req3 | 200 |
| | Req4 | 320 |
| | Req5 | 5,120 |
| | 平均 | 1,188 |

●データと目的に合わせたグラフを使う

　データの性質や分析の目的によって、適切なグラフを利用する必要
があります。たとえば数字の大小を比較する場合は棒グラフ、変化の
方向性を見る場合は線グラフといったものです。目的と合っていない
グラフを使用し、分析や説明がうまくいっていないケースを散見しま
す。以下のサイトは、統計局が小学生向けに提供しているものですが、
侮るなかれ。統計の基礎が非常にわかりやすく書かれており、おすす
めです。

「なるほど統計学園」／総務省統計局
https://www.stat.go.jp/naruhodo/index.html

## Column　データ分析と予測について

●相関分析による分析

　データ分析と聞くと非常に高度なことをしている印象を持つ人も多
いのですが、実際には、簡単な分析でも成果を得られます。その1つ
が相関分析です。

　相関分析は、異なる2つのデータの関連性を調べるうえで有効な手
段です。システム障害対応の例を挙げて解説します。

目的：システム障害の初報までにかかる時間が長くなっており、原因
　　　を突き止めて改善したい

　仮説を立てて、その仮説を相関分析で調べてみましょう。

仮説：担当者が担当する範囲が広すぎるのではないか
分析：担当システムの規模（サーバ数）と初報（分）の相関分析

相関係数は、-1から1の値を取ります。1に近いほど相関関係にあり、-1に近い場合は逆相関関係にあります。0に近い場合、相関関係はありません。

この分析では、ほとんど相関がありませんでした。どうやら担当範囲の規模と初報時間には関連がないようです。次の仮説を立てて検討しましょう。

仮説：各担当者のスキルに原因があるのではないか
分析：オンコール担当者の年次（年）と初報（分）の相関分析

▌オンコール担当者の年次（年）と初報（分）の相関分析

相関はそれほどありませんでした。この仮説も違うようです。さらに別の仮説を立てて検討しましょう。

仮説：無駄なメッセージが多いのではないか
分析：担当者に通知されたエラーメッセージ数と初報（分）の相関分析

▌担当者に通知されたエラーメッセージ数と初報（分）の相関分析

相関係数が0.8以上であり、相関関係にあると言えます。通知されるエラーメッセージ数が多い担当者は初報までの時間が増えています。確認する必要のある情報量が多くなっていて、初報までの時間を遅らせている可能性があります。改善策として、メッセージのフィルタリング見直しなどが有効かもしれません。

相関分析も万能ではなく、2つの変数が同じ原因変数で変化する場合、擬似相関という状態になって本来の原因を見失うリスクがあります。分析を行ったら必ず担当者にもヒアリングし、違和感がないか確認しましょう。

● 予測と改善目標
予測を行う場合は、近似線を使用するのが簡単です。たとえば、このサービスのサービスレベルでは初報を30分以内に送る必要があるとします。

## 近似線による予測と改善目標

先ほどの「エラーメッセージ数と初報時間」の相関分析の近似線を伸ばしてみます。すると、30分という限界値に到達するのが600件程度のエラーメッセージと予測できます。

もう少し精緻な数字で予測しましょう。このケースの近似線の数式は、$y = 0.0459x + 3.2135$になります。$y$には、初報のリミット時間である30が入り、目安となるエラーメッセージ数$x$は583.5と求められます。つまりこのサービスでは、583件のエラーメッセージを下回る必要があると予測できます（数値にはブレがあるので、実際にはもっと余裕を持たせましょう）。

改善の目標を「初報まで10分」としたい場合には、$y=10$として同じやり方で計算します。すると、147件以下のエラーメッセージ数にすると目標を達成可能だと予測できます。こういった分析は、Excelの簡単な操作で実現できますので、ぜひ試してください。

漫然とデータを眺めているだけでは、何のために分析しているのかわからなくなることがあります。そのため、分析する目標を決め、仮説・検証というアプローチをとることを推奨します。

（参考）https://support.office.com/ja-jp/article/グラフに近似曲線や移動平均線を追加する-fa59f86c-5852-4b68-a6d4-901a745842ad

# 8.2 教育と訓練

このセクションでは、教育と訓練について解説します。

## 8.2.1 BCP訓練

まず、**BCP**(Business Continuity Plan)訓練について解説します。BCPは「事業継続計画」と訳され、テロや災害において事業をどのように継続させるか計画するものです。BCPの中には、大規模システム障害も含まれています。障害対応訓練の実践方法は、10章でも解説しています。

大規模システム障害に対する障害対応能力の維持・向上には、BCP訓練を行うことが必要であり、1年に1回は行いましょう。

### BCP訓練の目的

BCP訓練には次のような目的があります。

☑ 大規模システム障害対応計画の実効性の評価

障害対応に向けて事前に策定されたフローや連絡方法、役割分担、ツールなどが想定どおり機能するかを評価します。

☑ 大規模システム障害対応計画のメンテナンス

定期的な訓練と再評価を実施することにより、ドキュメントの陳腐化を防止します。計画策定当初は正しかった考え方も、組織やシステムの変化によって徐々に経年劣化します。

☑ 大規模システム障害対応計画の周知と習熟

障害対応に対する訓練参加者の理解を深め、役割やフロー、ツールについて習熟できるようにします。特に大規模システム障害は、通常レベルのシス

テム障害と異なり多くの関係者が登場するため、コントロールに関するノウハウを学ぶことが重要です。また、策定したBCPが形骸化するのは周知不足に起因することが多いので、定期的な訓練は有効な対策です。

☑ 障害対応への心の準備、マインドセットの醸成
　障害対応に関する意識付けをし、当事者意識を持てるようにします。

### ● BCP訓練の実施

では、以降でシステム障害によるBCP訓練の実施方法について解説します。

☑ 1．訓練の計画
　訓練計画には、以下の要素が含まれます。

- ・訓練の目的や位置付け
- ・訓練の範囲（人・組織、プロセス、システム・ツール）
- ・訓練方法
- ・評価項目、手段
- ・訓練実施体制
- ・スケジュール

☑ 2.訓練の準備と実施
　実施方法には以下があります。

- ・机上訓練
　会議室に関係者を集め、対応フローなどの読み合わせをします。「このときはどうする？」「誰が承認する？」などと問いかけながら行いましょう。フローを読むのが目的ではありません。さまざまなケースを想定し、想定外がないか洗い出しましょう。

- ・実機訓練およびDR機能検証

机上訓練と異なり、実際に**DR**（Disaster Recovery）機能を発動させるのが実機訓練です。データセンターであれば商用電源から自家発電機への切り替えを行ったり、パブリッククラウドであれば別リージョンに保管したバックアップからシステムを復旧させたり、といった内容です。本番環境で実施する場合は、実施時のミスなどによりトラブルを発生させるリスクがあるので、十分に安全を確保したうえで実施します。リスクを軽減させるために、業務を行っていない休日に行うケースもあります。

#### ☑ 3.訓練の評価と改善の実施

計画した評価方法で評価を行います。たとえば次のような評価項目があります。洗い出した課題に対して対策を実施します。

**▌主な評価項目**

| 分類 | 評価項目例 |
|------|-----------|
| 定量的な評価 | ・初報からBCP発動までの時間<br>・DR手順実施完了までの時間 |
| 定性的な評価 | ・事前に規定された役割が適切に機能したか<br>・対応フローは合理的なものだったか |

### ● BCP訓練とは別に教育を行う

BCP訓練は、想定されるシステム障害に対し計画どおりに実施できるようにすることを目指すものです。役割分担やフローに矛盾がないか確認し、DR機能やドキュメントのメンテナンスを行います。

しかしながら、システム障害は未知の領域であり、想定外の事象に対応する必要があります。そのための能力向上にはBCP訓練だけでは不十分です。手順書どおりに行動するようどれだけ訓練しても、臨機応変に対応する能力は向上しないからです。そこで、BCP訓練とは別に障害対応力向上のための教育を行う必要があります（→**8.2.3**）。

また、未知の領域や想定外の事象に対する備えとして、カオスエンジニアリングという手法がありますので、次に解説します（→**8.2.2**）。

これまでBCPやDRには、多大なコストがかかるという印象や影響の大きさから、大企業だけが行うものというイメージがありました。しかしながら、従業員の安全確保などの社会的責任は、企業規模の大きさで変わるものではなく、等しく担うべき事柄です。

その一方で、中小企業向けのBCP対策の情報が不足している現状もあります。もしあなたが中小企業におけるBCPを検討する場合、中小企業庁が策定した「中小企業BCP策定運用指針[注2]」を参考にしてください。中小企業の特性や実情に即したBCP策定や運用方法がわかりやすく解説されています。

## 8.2.2 ◆ カオスエンジニアリング

続いて、**カオスエンジニアリング**について解説します。カオスエンジニアリングとは、Netflix社が導入し有名になった耐障害性・回復性を高めるための手法で、実稼働しているシステムの未知の問題を検出することに優れています。カオスエンジニアリングについては、Netflix社のエンジニア陣による電子書籍が全文公開されています[注3]。そのため、本書では概要を紹介することに留めます。

### ● カオスエンジニアリングとは

書籍では、カオスエンジニアリングは次のように定義されています。

*"Chaos Engineering is the discipline of experimenting on a distributed system in order to build confidence in the system's capability to withstand turbulent conditions in production"*

このように、分散システムにおいて本番環境の不安定な状況に耐え得る環境を構築するための実験の規律とされています。マイクロサービスに代表さ

れる分散システムが大規模になると、個々のサービスの非機能設計が正しかったとしてもシステム全体には悪影響を及ぼすことがあり、それを予測するのは非常に困難です。こうした問題に対処するための方法論がカオスエンジニアリングなのです。

　カオスエンジニアリングでは、本番環境で意図的に障害を引き起こし、システムの回復性を検証することを継続的に実施し、耐障害性を高めていきます。8.2.1で解説したBCP訓練（実機訓練）や障害テストは、既知の障害部位を対象としたものであり、影響が想定範囲内である事象をスコープとしています。それに対してカオスエンジニアリングは、未知の領域・想定外の事象をスコープにしている点が大きく異なります。

　実際に行うカオス「実験」には、データセンター規模の障害をシミュレーションしたり、サービスを遅延させたり、関数ベースでランダムに例外を発生させたりすることがあります。Chaos Monkey、Gremlin、Chaos Meshといったカオスエンジニアリング用のツールやサービスも存在し、AWS Fault Injection Serviceのようにプラットフォーマーがサービス提供しているケースもあります。

### ◉ カオスエンジニアリングの実施条件と実施

　カオスエンジニアリングを行うには、2つの前提条件があります。1つ目の条件は、すでにわかっている脆弱性について対策を行っておくことです。2つ目の条件として、システムを可視化できる監視システムが必要となります。可視化できないと、実験の結果を分析することができないからです。

　カオスエンジニアリングの実施では、まず測定可能な定常状態を定義したうえで、実世界のシステム障害（サーバクラッシュやネットワーク遅延など）を変数として導入します。定常状態に与えた影響を分析して未知の脆弱性を見つけ出し、対策を行います。多くのシステム障害を注入したときに定常状態に与える影響が少ないほど、そのシステムは障害に強いと言えます。

---

注2) https://www.chusho.meti.go.jp/bcp/index.html
注3) https://www.oreilly.com/content/chaos-engineering/
　　https://principlesofchaos.org/ja/

## ● カオスエンジニアリングの高度な5つの原則

書籍では、以下の発展的な原則を追求することが、分散システム運用の自信につながるとされています。

☑ 1：Build a Hypothesis around Steady State Behavior
定常的なふるまいの仮説を立てる

☑ 2：Vary Real-world Events
多様な現実世界のイベントから、想定される発生頻度や影響を考慮して検証する

☑ 3：Run Experiments in Production
本番環境で実行する

☑ 4：Automate Experiments to Run Continuously
実験を自動化し、継続的に実施する

☑ 5：Minimize Blast Radius
爆発半径を最小化する

詳細は前述の書籍をご覧頂きたいのですが、ここではわかりづらい4と5について解説します。

4については、手動テストは作業負荷が高いため、自動化を標榜しています。これは、多くの開発プロジェクトにおいてテスト自動化やパイプライン開発が進んでいるのと同じ流れだと言えます。

5については、実験をコントロールできる範囲に制御しながら行うことです。いきなり広範囲の実験をするのではなく、徐々に範囲を広げていきます。実験を途中で緊急停止できるようにし、対応できる人間が揃っているときに実施する必要があります。

カオスエンジニアリングという言葉のニュアンスから、本番環境でむちゃくちゃな状態を引き起こすように捉えられがちですが、決してそうではあり

ません。影響範囲をコントロールする責任があります（書籍では、制御でき
なかった事例としてチェルノブイリの実験を挙げているため、このような言
い回しになっています）。

#### ● カオスエンジニアリングを導入するうえで注意すべき点

カオスエンジニアリングが前提としているのは分散システムであり、自動
復旧を前提とした回復性の高いアプリケーションを志向したシステムです。
あなたのシステムがモノリスで、壊れないことを前提としたシステムである
場合、カオスエンジニアリングの導入は難しいでしょう。また、本番環境で
障害を起こすという行為自体、顧客・ユーザの同意を得ることが難しい場合
も想定されます。

最新のアプローチとして注目されるカオスエンジニアリングですが、対象
のシステムで実施すべきかどうかは十分に検討を行ってください。

これは、危険だからやめましょうという意味ではありません。実際に障害
を起こすことで未知の脆弱性を検出し、対応・対策を行うというアプローチ
は、システムや組織の障害対応力を高めるうえで非常に有効な手段なのは間
違いありません。どうすれば導入できるかを検討しましょう。

たとえば、どのようなシステムであっても、ステージング環境などであれ
ば行う価値はあるのではないでしょうか。実施する際は、実験前の状態に戻
せるように環境のバックアップ・リストアの準備を行いましょう。

## 8.2.3 ◆ 代表的な教育手法

続いて、システム障害対応を担う人材の、代表的な教育手法について解説
します。ただし、すべての手法がすべての組織で有効とは限りません。チー
ムに適したやり方を検討してください。

重要なのは、教育を設計し、目標とするスキルセットを決めることです。
どの段階に達したらオンコール担当に入れるのか、どの段階ならインシデン
トコマンダーを担うことができるのか。明確な基準を設けることは、新人が
オンコールに入るうえでの自信につながります。また、不安やプレッシャー

から健康を害することを予防し、離脱を防ぎます。インシデントコマンダーの育成例などを9章でも解説していますので、参考にしてください。

### 🔘 学習計画を立てた網羅的なレクチャー

新人がオンコールを受け持つ前に、まず実施するのがシステムのレクチャーです。新人が担当するサービスの構成要素ごとにレクチャーを行います。

ビジネスロジック、データベース、認証といった機能ごとに分割してもかまわないですし、サービス単位に説明してもかまいません。いずれの場合にも網羅性を持たせ、具体的なスケジュールやチェックリストを設けて、どこまで完了したのかがわかるようにします。

大切なのは、復旧手順のレクチャーではなくシステム構造を理解させることです。単なる設計書の読書会やパラメータシートの引き渡しではなく、設計の背景や意図を伝えることが重要です。

### 🔘 シャドーイング

シニアの担当者が障害対応をしている「裏」で、新人も障害対応を仮想的に行います。障害対応が終わったタイミングで、判断が適切であったかどうかの答え合わせを行います。シニア担当者の指示のもとで障害対応「作業」を実行するのとは異なり、システム障害の全体像を自分で考える機会を与えます。

このシャドーイングは、エンジニアだけでなく、インシデントコマンダーの育成に関しても同様です。いきなりインシデントコマンダーを担うのではなく、まずはシニアのインシデントコマンダーについてシャドーイングを行います。

### 🔘 実際の機器を破壊し直させる

テスト環境などで実施する場合が多いのですが、実際のシステムを破壊し、教育対象者がそれを直す作業を行います。たとえばデータの不整合を起こしたり、サーバをダウンさせたりします。対象者は、多くの可能性を調査(そ

のために多くのドキュメントを調べたり、コマンドを入力したりします)することでスキルを身に付けられますし、仮想とはいえシステム障害に対応できたという自信にもつながります。これを発展させたとも言えるのがカオスエンジニアリング(→**8.2.2**)です。

### 他の部門とのローテーション

中堅の担当者に行うべき教育の1つが**ローテーション**です。開発、運用、ユーザ担当などいくつかの部門に分かれている組織は多いですが、単一の部門での経験しかない担当者と、複数部門の経験がある担当者がいる場合、後者のほうが障害対応の多くのシーンで良いパフォーマンスを上げます。

開発部門で運用対象のシステムを開発していたのであれば、システムに対する理解度が高いのは当然です。そうでなかったとしても、開発経験はシステム設計内容(設計の誤りを含みます)に対する洞察力養成に有効です。また、プロジェクトマネージャーの経験はマネジメント能力を向上させるため、インシデントコマンダーの育成にも有効です。

ユーザ担当の経験があれば、自分たちのシステムや製品がユーザ業務でどのように使用されているか(そして何をすればユーザの怒りが静まるのか)を理解していますので、業務影響調査や復旧優先度の検討で適切な判断を行えます。これは、ユーザとの接点が多いプロジェクトマネージャーや開発チームが、より良いプロダクトを作れるのと同じです(うまくいかないとき、開発ではRFPや要求仕様書のせいにできるかもしれませんが、障害対応ではそのような言い訳は通用しません)。

また、複数部門に顔が利くということは、障害対応の体制構築において重要な要素の1つです。各部門のマネージャーと協力し、人材ローテーションの仕組みを構築しましょう。

### インシデントコマンダーを持ち回りで行う

3章で触れたとおり、インシデントコマンダーは組織の役職と紐付くものではなく、障害対応チームの誰もが担える状態にすべきものです(→**3.2**)。そのために、インシデントコマンダーを担う人を集中させず、持ち回りで行

うようにします。経験の偏在を避け、障害対応チームのケイパビリティを向上させましょう。

5章で紹介したオンコールシフト表（**→5.2**）で、インシデントコマンダーを誰が担うか決めておく方法もあります。たとえば、ローテーションしていくオンコールシフトにおいて、毎日最後のコール順の人は必ず初動時点のインシデントコマンダーとして活動するといったルールを適用することで、インシデントコマンダー能力の偏在を避けられます。

### ◉ 教育におけるポイント

ここまで、個別の教育手法について解説しましたが、教育全般において意識すべきポイントは以下のとおりです。

#### ▶Point カリキュラムを育て、常にアップデートしていく

一度作られた教育のカリキュラムを固定化させてはいけません。ビジネス、システム、技術、手法は常に変化し続けていますので、アップデートしていきましょう。そして、カリキュラムは新人と共に検討し、実施後はフィードバックを行いましょう。教育にもプロアクティブな改善活動が必要です。

#### ▶Point 既存の手順書を引き渡すだけではなく、手順を考えさせる

新人に手順書を引き渡すのは教育ではなく、単なる作業の移管です。一方、解決すべき問題を新人に渡し、新人が自ら考えて手順書を作成し、有識者がレビューするのであれば、それは教育と言えます。

#### ▶Point とりあえず経験させ、「背中を見て学ぶ」スタイルを卒業する

1章でも触れたとおり、障害対応で最も多いのが「背中を見て学べ」というスタイルです。このやり方では、知識や能力にムラが出ますし、教える側にとっても非効率です。さらに、技量がどのレベルまで上がったのかを測る術がなく、経験年数のみが漠然とした指標となります。新人にとっても教える側にとっても不安が残り、精神衛生上も望ましいものではありません。

# このセクションの まとめ

このセクションでは、教育や訓練について解説を行いました。

・BCP訓練
- ☑ 大規模システム障害に備えた対応計画の評価、周知・習熟
- ☑ 計画の下位文書やDR機能のメンテナンス
- ☑ 実施方法には、机上訓練や実機訓練がある
- ☑ 既知の障害を想定しており、影響範囲が予測できるものがスコープ

・カオスエンジニアリング
- ☑ 複雑な分散システムの耐障害性を高めるための手法
- ☑ 意図的に障害を起こして分析し、未知の脆弱性を発見・改善を行う

・代表的な教育手法
- ☑ 学習計画を立てた網羅的なレクチャー
- ☑ シャドーイング
- ☑ 実際の機器を破壊し直させる
- ☑ 他の部門とのローテーション
- ☑ インシデントコマンダーを持ち回りで行う

　おめでとうございます！　これで訓練や教育の手法を学ぶことができました。障害対応チームは自律的に学び成長する可能性を持っています。障害対応には多くの手法があり、今も新しい手法が生み出されています。障害対応の教育ができないというのは幻想です。「背中を見て学べ」は終わりにしましょう。システム障害対応のふりかえりや教育において、本書が役に立つことを願っています。

　本編はここまでです。次の章からは、本編で学んだ内容を踏まえてより実践的な内容をワークブック編として解説します。

　本書の初版執筆時（2019年）には事例の少なかったカオスエンジニアリングですが、取り組みが広がってきました。特に、ステージング環境で実施する事例が増えてきていると感じています。

　従来のステージング環境は、本番環境と比較して低スペックであったり、構成が異なったりするケースがほとんどでした。また、運用基盤も入っていないケースが多く、「実験」を行うことは難しい状況にありました。

　しかし、現在は、コンテナアーキテクチャにより本番環境と同等の環境をIaCにて自動構築することが可能です。またSaaS監視基盤を活用することで、監視基盤とステージング環境との接続設定・運用試験も容易になりました。自動構築したステージング環境で実験を行い、完了すれば廃棄します。このように、カオスエンジニアリングを安全かつ効率的に実施できるようになってきたことも、取り組みが広がる理由の1つです。

▌**開発・ステージング環境と本番環境（記事「カオスエンジニアリングによる信頼性向上を目指して」を参考に筆者作成）**

参考：「カオスエンジニアリングによる信頼性向上を目指して〜クレジットカード会社がChaos Meshを使ってみて」／株式会社ジェーシービー
https://speakerdeck.com/yu2kin9/kaosuenziniaringuniyorugao-xin-lai-womu-zhi-site-kurezitutokadohui-she-gachaosmeshwoshi-tutemite

# 第9章

# 教育と育成の手引き

　本章から、改訂にあたって加筆した章になります。前章までに学んだことを活用して実践するワークブック編としての位置付けになっています。

　本章では障害対応チームメンバー、特にインシデントコマンダーの教育と育成について、深掘りして解説を行います。まず、作業担当とインシデントコマンダーの両者に求められる能力の違いについて解説します。次に、育成の流れについて解説します。章の最後には、チームの障害対応能力を測定するためのスキルチェックシートのサンプルも用意しました。皆さんの障害対応チームにおける育成カリキュラムの参考にしてください。

# 9.1 ◆ 作業担当とインシデントコマンダーに必要な能力

このセクションでは、作業担当とインシデントコマンダーに必要な能力について、両者にどのような違いがあるのかを解説します。

## 9.1.1 ◆ 作業担当に必要なスキル

3章で述べたとおり、**作業担当**は、障害を解決するために実際に手を動かして対応を行う役割であり、必要なのはそのシステム・プロダクト・技術領域に対しての専門性です（**→3.1.2**）。そのため、マネジメントスキルよりも技術的スキルが求められます。

▌作業担当のスキル領域とレベル

## 9.1.2 ◆ インシデントコマンダーに必要なスキル

一方で、**インシデントコマンダー**は障害対応における現場リーダーです。一連の障害対応における舵取りを担います。そのため、必要な能力はマネジメントスキル（コミュニケーションスキルを含む）が中心になります。作業担当ほど、技術的なスキルは求められません。

また、記録役や情報発信担当など、インシデントコマンダーから権限委譲（**→3.2.3**）されたインシデントコマンダーをサポートする役回りも、それに

準ずるスキルレベルが必要となります。

**▍インシデントコマンダーのスキル領域とレベル**

**◗Point インシデントコマンダーはどの程度の技術スキルを持つべきか**

この質問をいただくことが多いため、個別に解説します。

インシデントコマンダーも高い技術やシステム対する知識を持っているに越したことはありませんが、必須なのかと言えばそうではありません。たとえば、コード・コマンド・パラメータといった実機レベルについて精通している必要はありません。

一方で、システム構成・依存関係・外部仕様レベルについては把握していることが望ましいでしょう。これらは、対応の優先付けなど作業担当から上がってくる報告を判断するために必要な情報となるからです。こうした知識がなくとも報告内容から判断することは可能ですが、知っていたほうが判断はより早くなります。これは、プロジェクトマネージャーと同じレベルと考えるとイメージがつきやすいのではないでしょうか。

**◗Point インシデントコマンダーが、技術レベルが低い作業担当に**
  　　　**成り代わることは悪手**

インシデントコマンダーから見て、作業担当が頼りない状況はよくあります。こうした状況で「ええいっ！ 貸せ！ ワシがやる！」というように、インシデントコマンダーが作業を始めてしまうケースが実に多くあります。しかし、これは悪手です。作業担当とインシデントコマンダーは別々の人間が担当する必要があります（→**3.2.3**）。

こうした状況においてインシデントコマンダーがするべきことは、作業担当に成り代わるのではなく、サポートできるシニアレベルの作業担当を新たにアサインする（もしくは、インシデントコマンダーを別の誰かに引き継いでから自分が作業担当になる）ことです。そして、それができるマネジメントスキルが求められます。

**●Point** **高いレベルの作業担当が良いインシデントコマンダーに
なれるとは限らない**

スキルセットが違うため、作業担当の経験だけを多く積んだとしても、良いインシデントコマンダーになることは難しいでしょう。記録役や情報発信など、インシデントコマンダーをサポートする役回り（→ **3.2.3**）を経験してからインシデントコマンダーになることをお勧めします。

## このセクションの まとめ

このセクションでは、作業担当とインシデントコマンダーに必要な能力とその違いについて解説しました。

- ☑ 作業担当に必要な能力は、技術的スキルが中心となる
- ☑ インシデントコマンダーに必要な能力は、マネジメントスキルが中心となる
- ☑ 記録役などインシデントコマンダーから権限委譲された役割も、インシデントコマンダーに準ずるスキルが必要となる
- ☑ インシデントコマンダーには、作業担当ほどの技術スキルは必要ないが、システム構成・依存関係・外部仕様などの外形的知識を持っていることが望ましい
- ☑ スキルセットが違うため、作業担当を長く経験しても、良いインシデントコマンダーになることはできない

# 9.2 ◆ 障害対応チームの育成の流れ

このセクションでは、障害対応チームの育成について解説します。ここでは育成例として、新人を作業担当としてオンコール体制に入れ、インシデントコマンダーとして育成するケースを示します[注1]。 ここで登場する各育成施策の多くは8章にて解説していますので、そちらも参照してください。

## 9.2.1 ◆ 育成施策のスキル分類と時系列

9.1で述べたとおり、育成すべきスキルは**技術的スキル**と**マネジメントスキル**に分けられます。そのため、育成施策も両方に対して必要になります。

また、施策の実施順も、立ち上げ期に行う初期教育と、より実践的な教育、そして実際の業務を通じて行う教育（OJT）があります。

初期教育は障害対応チーム（オンコール体制）に参加するために必須の教育です。オンコール体制に入り、作業担当もしくはインシデントコマンダーとしてアサインされるための最低ラインと言えます。初期教育は座学に近い学習がメインとなります。

次に座学として学んだ知識を活用して、より実践的な教育を行います。この教育には、たとえば障害対応訓練（**→8章、10章**）なども含まれます。これらの教育は、初期教育前に行ったとしても効果は薄いでしょう。できれば、ここまでの教育を経てからオンコール体制に入ることが望ましいものになります。

そして、障害対応チームの一員として実際の業務を通じた教育があります。これには役割ローテーションといった教育的なアサインなどが含まれます。

---

注1) 具体例を通じて、役割に対してどのような育成施策があるのか解説することを目的としており、キャリアを解説するものではありません。ずっと作業担当として歩む人もいれば、作業担当の経験なしにインシデントコマンダーになる人もいます。

## 施策実施の時系列とスキル分類

| 時系列 | スキル分類 | 施策 |
|---|---|---|
| 初期教育 | ― | 網羅的な育成計画の作成と合意 |
| | マネジメント | システム障害に関する一般的な解説、障害の定義・対応フローの説明 |
| | 技術 | システムや要素技術の説明 |
| 実践的教育 | マネジメント・技術 | ポストモーテムや過去の対応記録の読み込みと解説 |
| | 役割アサインの最低ライン | |
| | マネジメント | ロールプレイ訓練 |
| | 技術 | 実際の機器を破壊し直させる（カオスエンジニアリングを含む） |
| | マネジメント・技術 | シャドーイング |
| 実際の業務を通じた教育（OJT） | 役割アサインの推奨ライン | |
| | マネジメント・技術 | 実践とふりかえり |
| | マネジメント・技術 | 教育的アサイン |
| | マネジメント・技術 | 複数の組織や立場での運用体験・協働 |

以降で、前掲の図をもとに解説します。

## 9.2.2 ◆ 初期教育の施策

### ● 網羅的な育成計画の作成と合意

これは、育成施策そのものというよりも施策の実施方法と言えますが、育成活動の最初にするべき事項です。障害対応チームの一員として活動するために必要なことを網羅的にリストアップし、実施計画を立て、新人とチームが合意します（→8.2.3）。

### ● システム障害対応に関する一般的な解説、障害の定義・対応フローの説明

システム障害に関する基本事項の説明を行います。たとえば以下のようなものが含まれます。

☑ システム障害とは何を指すのか

2.1で述べたとおり、システム障害の定義は現場ごとに異なることが実情ですから、当該チームにおける定義を説明する必要があります。この認識のズレは初動の遅れにつながります。

☑ システム障害対応の流れ

システム障害が発生したら誰に連絡し何をするのか、関係者はどのような役割を担うのか、障害対応フローや体制図、連絡先一覧などを使って説明します(→5.1、5.2)。

障害対応未経験であれば基本動作の説明が必要です。本書(特に2章~4章)を活用して説明しても良いでしょう。

これらは組織・役割・プロセスといった説明になるため、マネジメント領域のスキル分類になります。

### システムや要素技術の説明

担当するシステム、使用している技術やツール、ドキュメントの内容について説明を行います。

技術については、必要に応じて研修などを受けることで補完します。ドキュメントについては、システム構成図などの設計文書や手順書などが含まれます。4章で、各プロセスで使用するツールやドキュメントについて説明していますので、参考にしてください。

8章でも述べたとおり、手順書の引き継ぎではなく、システムの構造を理解させることに重点をおいてください。システム障害は非定型で未知の領域です。それに対応するためには定型的手順ではなく、構造を理解している必要があります。

この説明はアーキテクチャ中心の説明となるため、技術的スキル領域の施策になります。

### ポストモーテムや過去の対応履歴の読み込み

過去の対応実績から学ぶことも必要です。これまで説明を受けた、システム障害対応のプロセスとシステム知識をもとに、実践例として過去の実績を

読み込んでいくとより学習効果が高いものになります。

　たとえば障害状況ボード（→**3.2.7**、→**5.4**）は、慣れるまではなかなかうまく書けないものです。そのため、システム障害時にどのように障害状況ボードを書いているのか、具体例を確認することが大事です。試しに過去の障害例をベースに記載をしてみると良いでしょう、思った以上に難しいと感じると思います。

　過去の対応履歴は、技術的視点とマネジメント視点の両方で学んでいくものですので、両方の領域を対象とした施策になります。

# 9.2.3 ◆ 実践的教育

## ◉ ロールプレイ（机上訓練）

　障害シナリオを作成し、チームメンバーとともにロールプレイを実施します（→**8.2.1**）。障害対応フローは頭に入れておき、実際にシステム障害が発生した際の動きを確認しましょう。障害シナリオは事前に公開するものと非公開で行うものがあります。ロールプレイ訓練は、よく行う訓練ですので、10章で実施方法を解説します。

　この施策は、組織・役割・プロセスに関して実践的な学びになるため、マネジメント領域のスキル分類になります。

## ◉ 実際の機器を破壊し直させる（実機訓練）

　検証機などを破壊し訓練対象者に修復させるといったやり方になります。人手で疑似障害を発生させることも可能ですが、対応できるケースには限界があります。カオスエンジニアリング用のツールが使用できるのであれば、活用を検討すると良いでしょう（→**8.2.2**）。

　主に作業担当者向けの訓練です。この施策は、技術的領域のスキル分類になります。

## ◉ シャドーイング

　実際の担当者の裏で新人が疑似対応を行い、後で答え合わせを行う手法で

す（→**8.2.3**）。作業担当者向けであれば技術的領域、インシデントコマンダー向けであればマネジメント領域のスキル分類になります。

## 9.2.4 ◆ 実際の業務を通じた教育

### ● 実践とふりかえり

障害対応後のふりかえり（→**8.1**）を行い、育成対象者にもフィードバックを行います。顕在化した問題点だけではなく、（特に新人は）障害対応時に感じたモヤモヤなども共有し、改善策を検討しましょう。

### ● 教育的アサイン

育成を考慮して人をアサインします。新メンバーを作業担当者にアサインしたり、従来作業担当者だった人をインシデントコマンダーに育成するために、まずは記録役にアサインしたりします。その際は、フォロー役を付けて対応をさせます。

1.1で述べたように、障害対応はチームにとって優先度の高いタスクです。そのため、最もできる人間が各役割にアサインされます。そうなるとジュニアレベルの担当者は、なかなか経験を積めません。意図的にアサインすることが必要になりますが、平時のように悠長に担当を決めている時間はありません。そのため、「インシデントコマンダーを持ち回りで行う」（→**8.2.3**）で述べたとおり、事前に役割を取り決めておくことも有効です。

本施策が作業担当者向けであれば技術的領域、インシデントコマンダー向けであればマネジメント領域のスキル分類になります。

### ● 複数の組織や立場での運用経験・協働

「他部門とのローテーション」（→**8.2.3**）で紹介した手法になります。別のシステムを担当することや、システム部門からユーザ部門へ、開発部門から運用部門へといったように複数の部門・立場を経験することは育成に重要です。そのため、一般的な人事異動とは異なり、トレーニー制度のように戻ってくることを前提とした制度を設けている企業もあります。この施策は人事

制度運用にも影響するため、組織レベルで導入を検討しましょう。

　トレーニー先が技術的知見を広める目的であれば技術的領域、ユーザ部門など他部門であればマネジメント領域のスキルになります。

## 9.2.5 ◆ 育成施策の実施例

　下図は、前述の施策を組み合わせて、新人がチームに参加し、作業担当者として経験を積み、その後インシデントコマンダーとして育成する例です。

**｜インシデントコマンダーへの道**

**目標：作業担当として参加し、記録役を経てインシデントコマンダーとして育成**

　作業担当、インシデントコマンダーそれぞれの育成を山登りにたとえています。それぞれのスキルセットは異なるため、別の山としています。

### 初期教育→作業担当

まずは、初期教育を終えることが障害対応チームに参加する条件です。これが入山ゲートになります。実践的教育を実施しながら、作業担当として実際の障害対応にサポート付きで参加します。実践とふりかえりを通じて対応スキルを向上させ、1人である程度対応ができるようになったら、担当領域を増やしていきます。

### 作業担当→記録役～インシデントコマンダー

作業担当からインシデントコマンダーを目指します。まずは、インシデントコマンダーのサポートとして、記録役を担います。作業担当としての経験がすでにありますので、新たな初期教育は不要とします。記録役としてロールプレイ訓練を実施し、障害状況ボードの書き方などを習得します。

記録役として実践をこなしたら、いよいよインシデントコマンダーとなります。訓練やシャドーイングで基本動作を確認します。実践とふりかえりを通じ、対応力を改善します。他部門での経験や協働を通じ、各組織を巻き込み対応を推進できる一流のインシデントコマンダーへと成長していきます。

## このセクションの まとめ

このセクションでは、障害対応チームの育成について、新人が新しくチームに参画するケースをモデルとして解説しました。

- ☑ 技術的スキルとマネジメントスキルの両方に対して施策が必要
- ☑ 初期教育、実践的な教育、実際の業務を通じて行う教育がある
- ☑ 初期教育は障害対応チームに参加するために必須の教育、実践的な教育を受けてからオンコール体制に入ることが望ましい
- ☑ ローテーションは人事制度にも影響するため組織レベルでの検討が必要

## 9.3 障害対応力スキルチェックシート

このセクションでは、障害対応力のスキルチェックシートのサンプルを紹介します。Excelで作成したチェックシートのサンプルを、本書Webサイト（https://gihyo.jp/book/2024/978-4-297-14012-0）よりダウンロード可能です。

### 9.3.1 スキルチェックシートの使用法

ここで紹介する障害対応力スキルチェックシートは、システム障害対応に必要なスキルセットをインシデントコマンダー、作業担当といった役割ごとに整理しています。このスキルチェックシートは、以下のような目的での使用を想定しています。

☑ チームや部室レベルでの対応能力評価・向上、そして人材配置での参考とする

☑ メンバーの成長確認、成長の実感を得ることでモチベーションの向上につなげる

☑ 障害対応実施後や訓練実施後のふりかえりの観点に利用する

☑ 訓練対象者および指導者の選定に利用する

本シートが取り扱う範囲は次のとおりです。

☑ 障害対応のマネジメントスキルを主要範囲とする

☑ 個別の技術知識は含まないため、担当システムで定義・評価すること。たとえば、AWS CloudWatchの確認方法や個別業務サーバの復旧方法など

スキルレベルは、4段階に分けています。

**スキルチェックシートのスキルレベル**

| レベル | 概要 |
|---|---|
| レベル1：<br>経験なし／知識なし | 未経験者レベル。システム障害とは何か、発生したら何をすれば良いのかわからない状態。ただし、障害対応経験がなかったとしても、訓練実施済みであればレベル1ではなく2とする |
| レベル2：<br>サポートがあれば可能 | 初心者レベル。原則、有識者のサポートありで実施する |
| レベル3：<br>1人で実施可能 | 一人前レベル。障害対応を自律的に実施できる。次に何をすれば良いか理解している |
| レベル4：<br>指導可能 | 指導者レベル。後進やチームの育成・改善を担える |

　Excelの書式機能でスキルに応じて色が変わるようにしておくと、ヒートマップのように分布がわかるので視覚的に全体状況の理解が深まります。他にも、レーダーチャートのように表現するといったことも考えられます。

# 障害対応力スキルチェックシートサンプル

| カテゴリ | 大分類 | 実施事項 |
|---|---|---|
| 役割別 | インシデントコマンダー | 作業担当への指示(旗振り) |
| 役割別 | インシデントコマンダー | 要員招集、体制決定(体制構築) |
| 役割別 | インシデントコマンダー | 障害の発生／終息(宣言) |
| 役割別 | インシデントコマンダー | 関係者／部署、顧客への報告(窓口・対応調整) |
| 役割別 | インシデントコマンダー | 情報の整理／更新、対応結果報告(レポーティング) |
| 役割別 | 記録役 | 障害専用チャットへの情報発信<br>・経緯／作業履歴<br>・報告内容<br>・調査／対応状況 |
| 役割別 | 対外対応 | 他部門への連絡／調整／状況報告<br>関連他システムがあれば、担当企業へのシステム対応の要求実施 |
| 役割別 | 調査・作業担当 | インシデントコマンダーの指示を受け、障害対応作業の実施<br>ビジネス影響／影響範囲調査、原因調査、暫定対応方法の調査／検討<br>調査／暫定対応の作業実施、復旧状況の調査／確認<br>各種作業結果のインシデントコマンダーへの報告 |
| ベース | XXXシステム | People[体制・役割の理解] |
| ベース | XXXシステム | Process[障害対応フローの理解] |
| ベース | XXXシステム | Product・Documents[運用ツール・手順書の理解] |
| その他 | 運用訓練の推進 | 運用訓練の推進 |

| 必要なスキル | 参考資料 | X部 A さん | X部 B さん | ベンダ A C さん | D さん | E さん |
|---|---|---|---|---|---|---|
| ・エンドユーザ影響回避を最優先とする原則にしたがって、障害対応作業の優先度付けができる<br>・各作業の依存関係／リスク／期限などを考慮し、メンバーに作業指示＆管理ができる<br>・作業担当に指示する際は、作業内容だけでなく全体の対応状況や背景・目的も共有できる<br>・事実と仮説を混同せずに指示・報告を受けられる | | 4 | 4 | 2 | 3 | 3 |
| ・障害状況に合わせて必要なメンバーを招集／維持／解散できる<br>・記録役、対外対応、作業担当を任命／権限委譲できる<br>・情報と指揮命令をインシデントコマンダーに一元化できる | | 4 | 4 | 2 | 3 | 3 |
| ・障害が疑われる時点で早期に初報ができる<br>・復旧確認が完了後、事後対応内容や体制解散後の連絡先などを関係者に連絡し体制解除を宣言できる | | 4 | 4 | 2 | 3 | 3 |
| ・顧客／社内各組織／ベンダの役割および連絡先を知っており、対応調整ができる | | 4 | 4 | 2 | 3 | 3 |
| ・ユーザ視点／システム視点でのコミュニケーションや影響把握を行える<br>・事実と仮説を混同せずに情報を整理できる<br>・問題管理プロセスとの関連を理解している | | 4 | 4 | 2 | 3 | 3 |
| ・規定のチャットツールを活用した適切な情報発信、更新ができる<br>・テンプレートを活用した情報整理ができる<br>・ユーザ視点でのサービス影響記述ができる<br>・時系列および情報分類別にシステムと対応の状況を記載できる | ・XXXチーム障害情報テンプレート | 4 | 4 | 3 | 3 | 3 |
| ・顧客／社内各組織／ベンダの役割および連絡先を知っており、作業調整ができる<br>・ユーザ部門と相対する場合、ユーザ視点での影響報告ができる | | 4 | 4 | 3 | 3 | 3 |
| ・担当領域に関する専門知識を持っている<br>・担当領域と全体の関連を理解している<br>・作業ログをとりながら実施できる<br>・作業進捗／想定外の事象をインシデントコマンダーに報告できる<br>・複眼チェック者を入れた上で作業実施を行える<br>・（できるかぎり）事前にコマンド手順を作成しレビュー／事前テストし、対応できる | | 4 | 4 | 3 | 4 | 4 |
| ・XXXチーム、YYYチームなどの運用体制、役割を理解している<br>・関係者の連絡先／手段を知っている | | 4 | 3 | 4 | 3 | 3 |
| ・XXXXフローベースでの対応を理解している<br>・海外YYYYYYチームコミュニケーションルートを理解している | ・XXXチーム障害対応フロー | 4 | 3 | 4 | 3 | 3 |
| ・ZZZZZなどの運用ツールを使える | | 4 | 3 | 4 | 3 | 3 |
| ・運用訓練の計画、進捗管理、参加者調整<br>・シナリオ策定<br>・実施とふりかえりのファシリテーション | | 4 | 3 | 4 | 3 | 3 |

# このセクションの **まとめ**

　このセクションでは、障害対応能力のスキルチェックシートのサンプルについて解説しました。

- ☑ チーム全体やメンバー個人の障害対応能力の評価に使用し、状況の可視化や育成のインプットとする
- ☑ 主にマネジメント能力中心の評価シートとなっている
- ☑ 個別の技術スタックについては現場ごとに異なるので、適時カスタマイズして使用する

　本章では、障害対応の教育や育成カリキュラムについて、サンプルも交えて解説を行いました。次の章では、代表的な育成施策である、障害対応訓練について解説します。

## Column システム障害対応をゲーミフィケーションで学ぶ

　ゲーミフィケーションとは、ゲームの要素を用いてゲーム以外の物事に役立てることです。その1つに教育があります。ゲームは障害対応を学ぶ有効な手段です。いくつか紹介します。

●Keep Talking and Nobody Explodes
　『サイトリライアビリティワークブック―SREの実践方法』[注2]でも紹介されているゲームです。

☑Keep Talking and Nobody Explodes
　https://keeptalkinggame.com/

　爆弾の分析担当と処理担当に分かれ、限られた時間の中で爆弾を解除します。継続的なコミュニケーション「Keep Talking」が成功の鍵です。日本語版の解除マニュアルもあるのですが、英語版も併用しながらプレイすることをお勧めします。また、私がゲームプレイをファシリテーションする際は、モールス信号・ボタン・表比較の爆弾は難易度が高いため、初参加者がいる際には外しています。

●ChatGPTを活用して障害対応を学ぶ〜ゲームプロンプト
　これは、新しいゲーミフィケーションの実践方法です。
　プロンプトでは、チャットボットがゲームマスター（GM）を担い、人間はプレイヤーとして「ロールプレイすること」「ゲームのスタートが障害発生であること」「ゴールは問題解決や復旧であること」を事前に設定します。そして、システム構成や特徴を提示しプレイを行います。システム障害対応だけでなく、プロンプトエンジニアリングについても学べるためお勧めしています。

---

注2）『サイトリライアビリティワークブック―SREの実践方法』／Betsy Beyer, Niall Richard Murphy, David K. Rensin, Kent Kawahara, Stephen Thorne［編］／澤田武男、関根達夫、細川一茂、矢吹大輔［監訳］／玉川竜司［訳］／オライリー・ジャパン（2020年）

RAGやファインチューニングなどで自社の障害DBなどをインプットすることにより、さらに実践的なプレイができる可能性があります。なお、ChatGPTの仕様などによって変わる可能性があることについては留意してください。

☑「ChatGPTで障害対応RPG v0.0.1を遊ぶには？」
　https://syu-m-5151.hatenablog.com/entry/2023/03/18/000637
☑「SystemFailureRPG」
　https://github.com/nwiizo/SystemFailureRPG
☑「ChatGPTで、ファンタジーRPGを遊ぶには？」
　https://note.com/fladdict/n/nb66db952f992

●インシデントコマンダー育成ゲーム「Sランカー」
　実際のシステム障害対応を参考に作ったインシデントコマンダー養成ゲーム「Sランカー」は、障害対応特有のコミュニケーション課題や成功要因への気付きを目的としています。これは、アジャイル開発のワークショップであるスクラム・トランプ[注3][注4]を参考に、システム障害対応用にアレンジしたものです。
　インシデントコマンダーと作業担当に分かれてプレイします。実施方法を本書のサポートページにて公開していますので、ぜひ実施してみてください。

☑インシデントコマンダー養成ゲーム「Sランカー」
　https://gihyo.jp/book/2024/978-4-297-14012-0

---

注3)「スクラム・トランプ」
https://games.yattom.jp/playscrum
注4)「スクラム・トランプ ワークショップ」(やっとむでぽん)
https://yattom.hatenablog.com/entries/2013/03/17

# 第 10 章

# 障害対応訓練の実施

　本章ではシステム障害対応訓練について解説します。8.2でもBCP訓練やカオスエンジニアリングについて記載していますので、まだ読んでいない方はそちらも参照してください。8.2では障害対応訓練の定義や概要を解説しましたので、本章は障害対応訓練の実践に向けた内容になっています。

# 10.1 ◆ 訓練手法の種類と適切な選択

　障害対応訓練といっても、バリエーションがあり、現場の状況に合わせて選択する必要があります。このセクションでは、障害対応訓練方法の種類や選択方法について解説します。

　なお8章ではBCP訓練、本章では障害対応訓練と呼んでいます。どちらもシステム障害対応訓練を指しています。BCP訓練は、BCP計画の一部に位置付けられるため敷居が高いと感じる人も多かったと思います。また、人的教育だけでなく復旧機能の動作検証も目的に含むことがあります。そのため、本章では訓練の前提事項の敷居を下げながら、より教育にフォーカスするために「障害対応訓練」という呼び方にしています。

## 10.1.1 ◆ 訓練方法の種類

　障害対応訓練には、主に以下のようなバリエーションがあります。

### ● 訓練方法［実機訓練か机上訓練か］

　まず訓練方法は、**実機訓練**か**机上訓練（ロールプレイ）**かに分けられます。

**☑ 実機訓練**

　実機訓練は、実際の機器で障害を発生させ、訓練対象者が復旧させることで実施します。ユーザには影響が出ないように行うことが一般的ですので、検証環境などで行うことが多いですが、名称やスペックなど環境差異に関する考慮が必要です。技術的スキルの向上に適しています。

**☑ 机上訓練**

　一方で机上訓練は、実機を使用せずロールプレイにて訓練を実施します。訓練対象者が、インシデントコマンダー役、作業担当役、ユーザ担当役など

を担い、障害シナリオ（訓練用の障害ケース）をもとに障害対応フローに沿って障害発生から復旧までの動きを確認することで訓練を行います。障害対応フローや関係者の役割などの理解が深まり、マネジメントスキルの向上に適しています。また、実機を使用しないため実機訓練に比べて準備負荷は低くなります。

### ● 障害シナリオ［事前公開の有無］

　障害シナリオは、訓練で使う障害ケースのことです。たとえば「朝9時に特定のサーバが停止する」といったものです。訓練に際しては、訓練対象者に障害シナリオをすべてもしくは一部を公開するのか、非公開にして実施するか検討が必要です。

　シナリオを非公開にすることで、より実践に近い訓練が可能となります。しかし、訓練に慣れていないチームで実施すると運営面で滞ってしまうこともあります。そのため、まずはシナリオ公開型で訓練を実施し、成熟度が高まってきたら非公開型で実施することを推奨します。

### ● 参加チーム（システム）範囲［合同訓練か自主訓練か］

　複数チームが協働する合同訓練と、単独チームでの自主訓練があります。各チームはそれぞれ担当するシステムや機能を持っているため、合同訓練の場合は対象システムの範囲も広がります。

☑ 合同訓練

　複数チームでの合同訓練は、チーム同士の役割分担や連携方法の確認を行うことができます。実機訓練であれば、複数システムの非機能性の連動も確認できます。ただし、スケジュール調整が大変で、準備負荷も上がるため頻繁な実施は難しくなります。

☑ 自主訓練

　単独チームの自主訓練は、チーム同士／複数システムの動きを確認することはできません。対応フロー上、他のチームが登場するシーンでは、チーム

内で代役を立てて運営します。合同訓練と比較して実施負荷が下がるため、高頻度かつ自チームの都合のみでの実施が可能となります。

# 10.1.2 ◆ 訓練方法の選択

　ここまで解説したとおり、障害訓練方法は複数あるため適切な方法を選択する必要があります。選択の基準としては、まず「訓練の目的は技術的スキルにあるか、マネジメントスキルにあるか」が重要です。技術的スキルを目的としていれば実機訓練、マネジメントスキルであれば机上訓練になります。

　次の判断要素として、「準備負荷（実施負荷）」と「成熟度（訓練慣れてしているかどうか）」の観点があります。

### ● 準備負荷（実施負荷）

　準備負荷の高い訓練は大規模訓練に属するもので、広範囲を確認できますが、実施頻度を多くすることはできず（年1〜2回程度）、予算の計上が必要になることが多いです。準備負荷の低いものは、確認範囲は狭まりますが、気軽に実施できるため高頻度の実施が可能になります。四半期に1回といった定期実施だけでなく、新メンバー加入の際に実施するといった不定期の実施も可能です。

### ● 成熟度

　成熟度は、障害対応訓練の経験者が多ければ高くなります。要求される成熟度が高い訓練は、訓練慣れが必要ですが訓練効果も高くなります。要求される成熟度が低いものは、訓練効果は下がりますが初心者でも実施可能です。

### ◗Point 訓練は小さく始めて大きく育てる

　訓練が浸透していない組織で、高い成熟度が要求される訓練をいきなり実施すると失敗する可能性が高いため推奨しません。成熟度が要求されない訓練から始めて、成功体験を得ることが重要です。

前述の観点で訓練の実施方法を分類すると、以下のようになります。

## 障害対応訓練の実施方法による分類

実施負荷や要求される成熟度が高いものは、シナリオ（障害ケース）が非公開で、複数チームで行う合同訓練のパターンになります。一方、実施負荷や要求される成熟度が低いものは、シナリオ（障害ケース）が公開され、単独チーム（もしくはコーチと新人といった範囲）で実施するパターンになります。

組織やシステムの状況に合わせて適切な訓練を選択してください。また、1種類の訓練を行うのではなく、組み合わせて運営していくことも可能です。たとえば、大規模な合同訓練は年1回実施とし、各チームが自主訓練を四半期に1回以上行うといった目標を合意することを推奨します。

# このセクションの まとめ

　このセクションでは、障害対応訓練の種類とその選択方法について解説しました。

・障害対応訓練は複数の種類があり、以下の要素によって違いがある
　☑ 技術的スキルの向上を目的とした実機訓練か、マネジメントスキルの向上を目的とした机上訓練（ロールプレイ）か
　☑ 障害シナリオを公開するか非公開か
　☑ 参加チームの範囲は単独か、複数か

・要求される成熟度や準備負荷を基準に適切な訓練を選択する
　☑ 成熟度：訓練経験者数や実施回数が多く慣れているか
　☑ 準備負荷：訓練の準備や実施にかかる工数

・最初は小さい訓練から始めて、徐々に大規模な訓練にチャレンジしていく

　次のセクションでは、実際の訓練を始めるにあたって知っておくべき実施要領を解説します。

# 10.2 ◆ 訓練の実施要領

このセクションでは、訓練を実施していく流れについて解説します。10.1で解説した通り、訓練には複数の手法があります。ここでは、複数チームが参加するシナリオ公開型の机上訓練（ロールプレイ）のパターンで解説します。この訓練パターンは、システム障害のマネジメントについて悩む組織が初めて大規模訓練を実施するにあたり、比較的準備が楽で最も「とっつきやすい」訓練です。

**┃このセクションで実施する訓練の位置付け**

## 10.2.1 ◆ 訓練計画の策定

まずは訓練計画を策定し、訓練の目的や範囲などを明らかにし、どのように実施するのか決めていきます。

---

### 1. 障害対応訓練の目的・位置付け

・障害対応能力を維持、向上させるために障害対応訓練を実施する。本訓練を実施することで、XXXシステムの障害対応フローなどの対応計画・手順の実効性評価、障害対応プロセスの周知・習熟、障害対応へのマインドセット（心の準備）の醸成を行うことを目的としている。

・X社の品質管理規定にて定められた、年次大規模障害訓練に該当する。

・20XX年に発生した大規模障害の教訓として、システム復旧を担う情報システム部の各担当者やカスタマーサポート部の情報連携を改善し、XXXシステムユーザの満足度向上につなげることを目的としている。

---

### ● 解説

　障害対応訓練の目的や、位置付けについて記載します。きちんと障害対応ができる状態になっているかプロセスやツール群を評価・改善することや、障害対応チームの人材育成が主な目的になります。また、訓練実施の根拠として、訓練の実施が義務付けられていたり、組織目標として規定されていたりする場合は記載します。

### ▶Point 特定の背景や狙いがあれば記載する

　対応品質を向上させるといった「あたりまえのこと」を書くだけではなく、特定の背景や狙いがあれば記載します。訓練参加者がより自分ごととして捉えやすくなるだけでなく、訓練において重点的に確認すべきポイントなども洗い出しやすくなります。この例では、「過去に大規模な障害があり、その教訓として訓練が始まった」と仮定して記載しています。

## 2. 訓練の実施範囲

障害対応訓練の実施範囲は以下とする。

・対象システム：X社 XXXプラットフォームで稼働するAサービス、B
　サービス、Cサービス

・対象組織：X社 情報システム部　　プラットフォームチーム、
　　　　　　　　　　　　　　　　　サービスAチーム、
　　　　　　　　　　　　　　　　　サービスBチーム、
　　　　　　　　　　　　　　　　　サービスCチーム
　　　　　　カスタマーサポート部　ヘルプデスクチーム

・対象プロセス：大規模障害対応ガイドラインに基づき対応する。シス
　テム障害の発生から復旧対応までを対象とする。

### 解説

　障害対応訓練の対象範囲をどこまでにするか、つまり、システム、組織、プロセスのどこまでを対象とするかを定めます。この例では、X社の共通プラットフォーム上で稼働する複数サービスが障害になる想定で記載し、関連するインフラチーム・プロダクトチーム、そしてユーザ部門が対象範囲であることを記載しています。

### Point　参加できない組織の部分は代役を立てて実施する

　障害対応フロー上は関与が必要な組織ではあっても、訓練にはすべての関係者が参加できないことが多くあります。たとえば、顧客／エンドユーザ、外部サービスプロバイダーなどです。そういった場合には代役を立てて実施します。この代役は、ソフトウェアテストにおけるスタブに近い役割と言えます。代役は、対象の役割に関する有識者に依頼したり、訓練推進担当者が実施したりすることもあります。

> ## 3. 訓練実施方法
>
> ・訓練方法：机上訓練（ロールプレイ）／実機訓練
> ・障害シナリオの公開：公開／非公開
>
> 今回は、X社初の大規模障害対応訓練となるため、シナリオ公開型の机上訓練として実施する。**机上訓練となるため、本番システムは使用しない**。障害対応時に使用するコミュニケーション用のチャットツールは実際のものを使用するが、訓練用のチャンネルを使用することで本番障害とは見分けが付くようにしておく。

### 解説

障害対応訓練の実施方法について定めます。前セクションで解説した、机上訓練／実機訓練や障害シナリオ公開の有無などについて定めます。また、訓練時における特殊な状態や要件などがあれば記載します。実機訓練であれば、実施環境に関する説明を記載します。

### Point 本物の障害と訓練の見分けが付くようにする

訓練実施中は、障害に関する情報が飛び交うことになります。そのため、本物の障害と誤認しないための工夫が必要となります。本章の例では、コミュニケーションツール（SlackやTeamsなど）は実際のものを使うが、本物の本番障害と混在することを避けるために、専用のチャットチャンネルを設けることが記載されています。

ほかにも、メールタイトルに［障害訓練］と付与することや、War Roomの入り口には「訓練中」といった張り紙などを貼っておくこと、訓練実施中は電話連絡の冒頭に「訓練です」と伝えるなど、各現場に合わせた工夫を行います。

**│訓練計画書の記載例④**

> ### 4. 訓練の評価方法
>
> 訓練推進担当者が評価し、ふりかえりのタイミングで訓練参加者に
> フィードバックを行う。
>
> 定性評価：障害対応スキルチェックシートに基づき評価
> 定量評価：障害検知から初報まで5分以内
>
> 上記評価とは別に、訓練参加者でKPTによるふりかえりを実施する。

#### ◉ 解説

障害対応訓練の評価方法について、定性評価と定量評価を定めます。定量評価については、障害対応ガイドラインやサービルレベル規定などに従い決定します。定性評価については、インシデントコマンダーや作業担当など役割に応じて評価ポイントが変わります。この例では、9章にて解説した「障害対応力スキルチェックシート」(→9.3)をベースとして評価することとしています。

また、ふりかえりのタイミングでフィードバックすることとしていますが、後日実施としても良いでしょう。

#### ◉Point 評価ポイントは事前に決めておく

訓練実施後にフィードバックするだけでも実施は可能です。また、評価ポイントに記載してあること以外はフィードバックしてはならないというわけではありません。

しかし、事前に評価ポイントを決めておくことで、評価者によってフィードバック内容が変わってしまうことや、印象的なシーンに引きずられてしまい網羅的な評価を見逃すといったことを防げます。また、後出しジャンケンで評価されることに対して参加者の反発を招く可能性があります。そのため、可能な限り事前に決めておくことを推奨します。

5. 実施スケジュール、推進体制、実施環境

・実施日までの準備スケジュール：※省略

・実施日のスケジュール：X月X日　9:00～12:00
　訓練2時間、評価・ふりかえり1時間、訓練推進担当者が開始と終了
　を宣言する
　訓練開始時、もしくは訓練中に本番障害などの緊急事態が発生した場
　合は、訓練推進担当者の判断で訓練を延期・中止する
　予定時間を超過する見込みの場合は、訓練推進担当者の判断でシナリ
　オカット、もしくは訓練終了を宣言する

・訓練実施体制
　訓練推進担当者：品質管理チーム αさん、βさん
　訓練対象者：情報システム部　　　　プラットフォームチーム、
　　　　　　　　　　　　　　　　　　サービスAチーム、
　　　　　　　　　　　　　　　　　　サービスBチーム、
　　　　　　　　　　　　　　　　　　サービスCチーム
　　　　　　　　カスタマーサポート部　ヘルプデスクチーム

・実施環境
　War Room：会議室XXXX室に情報システム部が集合し、実施する
　ヘルプデスクチームは、リモート会議にて参加する
　War Room什器・備品等　※省略
　本番端末室：情報システム部 作業担当が入室
　コミュニケーションツール：Slack　障害対応訓練チャンネル

◉ 解説

　障害対応訓練の実施に向けた実施スケジュールや、推進体制について定め
ます。

　「実施日までの準備スケジュール」には、障害シナリオの作成予定や環境

準備、ミーティングの予定などを記載します。「実施日のスケジュール」では、全体の見込み時間だけでなく、開始と終了をどのように行うかを決めておきます。

「訓練実施体制」には、訓練参加者だけでなく、訓練を推進・運営する役割（訓練推進担当者）が必要です。訓練推進担当者には、10.2.2で解説する訓練準備を推進することや、訓練実施中の代役（たとえばエンドユーザ役や訓練に参加していない別の担当者役など）、不測の事態に備えた対応、そして訓練実施後の評価・フィードバックやふりかえりのリードなど、障害対応訓練における多種多様な役割が求められます。

「実施環境」には、訓練環境について記載します。訓練参加者がどこから参加するか（たとえば入室制限のある環境の場合、事前申請が必要になることがあります）や、訓練用の専用環境があればそれらも記載します。

### ▶Point 訓練中の緊急事態に対する指針・予備日も決めておく

例でも記載していますが、本番障害などの緊急事態への対応方針を記載します。こういう時に限って本番障害が起きることが多いのです！

状況に応じて中止、開始時間を遅らせる、一時中断、部分的に実施などの対応をとります。訓練推進担当者が問題に直面しているチームと協議し、判断することが一般的です。そして、あらかじめ予備日を決めておくことも推奨します。合同訓練では関係者のスケジュールを押さえることも困難であるため、予備日を決めておくと実施日変更の調整が簡単になります。

## 10.2.2 ◆ 訓練の準備と障害シナリオの作成

訓練計画の合意が終わったのであれば、次は訓練に向けて準備を実施します。訓練の準備としては、関係者の障害訓練日程の調整、実施環境の調整、障害シナリオの作成などがあります。

## 障害シナリオの例

XXXプラットフォームシステムの共通機能である認証基盤が停止し、同機能を使用する各サービスが使用不可となる

1. XXXプラットフォームの認証基盤で障害が発生、監視システムよりプラットフォームチームに通知

2. 各サービスのリクエストエラーが発生、監視システムより各サービス担当者に通知

3. プラットフォームチームが、インシデントコマンダーとなり初動を開始。障害レベル1に該当するおそれがあると判断し、War Room（障害対策本部）を設置。重大障害メールを発信。各サービス担当がWar Roomに集合

4. 各サービスチームが影響調査を実施し、結果を報告

5. ヘルプデスクチームが、Webサイトおよび公式SNSにてエンドユーザ向けに障害情報をアナウンス

6. プラットフォームチームが認証基盤の性能不足を確認、スケールアップ対応を実施。障害事象の解消を確認

7. 各サービスチームでも復旧確認を実施。正常に処理されていることを確認

8. ヘルプデスクチームが、サービス復旧をアナウンス

9. プラットフォームチームのインシデントコマンダーが復旧対応完了と体制解除を宣言

## 解説

このシナリオ例では、共通機能の障害に伴い、プラットフォームチームを中心に各サービス担当やヘルプデスク担当が連携しながら対応にあたるケースとしました。

シナリオの粒度は、成熟度によって適切なものが変わります。初心者であれば、トークスクリプトレベルまで用意する必要があるケースも考えられます。一方で、熟練者であれば概要レベルで問題なく実施できるでしょう。

### ▶Point シナリオは実時間に合わせるほうが実施しやすい

「シナリオ上は夜間にシステム障害が発生したことにするが、訓練は日中に実施する」といったことも、できなくはありません。ただし、時間の言い換えなどが必要になるため、訓練のノイズになる可能性があります。そのため、訓練実施時間中に発生したシナリオとすることを推奨します。

### ▶Point シナリオは過去に起きた障害をベースにすると作りやすい

シナリオをゼロから作ることは難しいものです。とくに、システム障害の影響を確実に推測しきることは難しい場合があります。そのため、過去に起きた事象をベースにするとシナリオを作りやすいでしょう。過去の障害にない場合は、障害シナリオの素案を生成AI（→6.6）で生成することが可能です。ただし、GPTのバージョンや対象システムの汎用性で精度は変わりますし、人の動きではなくシステム的な対処に寄っている傾向があります。プロンプトには、プロダクト名や技術スタック、クラウドプロバイダーと使用サービスなどを設定し、訓練推進者としてシナリオ作成を指示します。

## 10.2.3 ◆ 訓練の実施

本章の例では、訓練推進担当者が開始を宣言し、訓練を実施します。

前掲したシナリオの1番、プラットフォーム担当者が、監視システムからのアラート自動電話を受けたというところからスタートします。そして、用意したシナリオの最後まで進んだことを確認し、訓練推進担当者が訓練実施

完了を宣言します。その後、評価とふりかえりを実施します。

　訓練の実施中、訓練推進担当者は評価シートに基づいて評価を行ったり、シナリオ遂行上に問題が発生していないか確認したりします。また、タイムキーピングを行い、予定時間を超過しているようであれば進行を調整します。

### ▶Point 訓練実施中の助言

　訓練の参加者から、障害対応の方法について訓練推進担当者が質問を受けてしまうことがありますが、答える必要はありません。こうした質問は、上長や障害対応チームメンバーに確認するべきことになります。一方で、訓練の運営に関することは答えても問題ありません。訓練推進担当者は試験監督に似ています。

　また、原則として訓練完了後にフィードバックしますので、訓練中に指摘などは行いません。ただし、訓練遂行上に問題が出てしまう場合(たとえば、訓練対象者が障害発生をエスカレーションせず、シナリオが次へ進まないなど)は、訓練推進担当者が指摘をします。ただし、それもできるだけ自然になるようにします。たとえば、訓練推進担当者が直接指摘をするのではなく、上長役や顧客役といったその他の関係者から指摘をしてもらうなどして、なるべくリアルさを追求します。

---

### Column　障害対応訓練のリアルさ

　訓練慣れしているチームの計画書を見せてもらったところ、帰宅後訓練という訓練種別になっており、飲み会をしてから実施する予定になっていました。なぜなら、「そっちのほうがリアルだから」とのことです。そして実際に、非営業時間帯における対応フローの見直しにつなげていました。

　訓練対象が同じだとしても、そのシチュエーションや制約により、結果や学びには大きな差が出てきます。こうしたことを試していける組織は強くなります。何より、訓練のアイデア出しが楽しそうです。

# 10.2.4 ◆ 訓練のふりかえりと評価

　訓練実施後にはふりかえりの時間を設け、気付きを共有します。ふりかえりの手法自体は「8.1.3　教訓と改善策〜KPT」で解説していますので、そちらを参照してください。実施中のモヤモヤは、時間が経つと忘れてしまうものです。そのため、訓練実施直後にふりかえりを行うことを推奨します。

　定性評価・定量評価は、訓練推進担当者が実施し、参加者にフィードバックします。訓練時間の制約や、整理に時間がかかる場合などは事後にフィードバックしてもかまいません。

　ふりかえりや評価は、いくつかの視点で行えるはずです。

☑ 訓練参加者の教育、育成に関するもの

　例：インシデントコマンダーが復旧方法を検討する際に、内容だけでなく、必要な時間についても確認できると良かった

☑ 訓練の運営そのものに関するもの

　例：訓練用の特別な電話番号を用意していたことを知らなかったので、計画書に書いておいてほしい

☑ 運用設計に関するもの

　例：ヘルプデスクがエンドユーザからの問い合わせを障害対応チームに連携するプロセスを、障害対応フローに反映したほうが良いのではないか

　改善点として挙げられた項目は、改善タスクに加えて今後実施します。

### ◗Point 訓練は写真やビデオで撮影しておく

　訓練中にホワイトボードを使って実施した障害情報の整理結果、KPTの結果などは、写真を撮っておくことで後日の確認に使用できます。また、訓練に参加したことがない人に対し、訓練の雰囲気を伝える際にも有効です。

# このセクションの まとめ

　このセクションでは、障害対応訓練の実施要領について例も交えながら解説しました。

・訓練計画の策定
　☑ 訓練の目的・実施範囲・実施方法などを定める

・訓練の実施準備とシナリオの作成
　☑ 訓練の実施に向けた準備として、環境や障害シナリオを整備する

・訓練の実施
　☑ 訓練推進担当者が中心となって訓練を実施する

・ふりかえりと評価
　☑ 訓練実施から時間をおかずにふりかえりを行い、改善点を洗い出す

　本章の例でもヘルプデスクチームが参加していますが、エンジニア以外の部門と合同で実施する訓練は、言葉選びなど多くの気付きがあります。ぜひ実施しましょう。エンドユーザ向けの発信については12章で解説していますので、そちらも参考にしてください。
　本章では取り上げませんでしたが、実機訓練では作業手順書などを実際に実行するケースがあります。どのような手順書が望ましいのかは、続く11章で解説します。

# 第11章

# 事故を防ぐ手順書の作り方

　この章では、人的事故を防ぐ手順書の作り方について解説します。作業を起因としたシステム障害は非常に多く、作業品質の向上に有効な対策の1つが手順書です。しかしながら、手順書といっても業界統一のフォーマットがあるわけでもなく、記載の粒度や書き方は現場や担当者ごとにバラバラです。

　そこで本章では、まず11.1でヒューマンエラーの種類について解説し、11.2ではヒューマンエラーを防ぐための手順書作成のポイントについて解説します。

# 11.1 ヒューマンエラーとは

　ヒューマンエラー（人的ミス）によるシステム障害は、非常に多く発生しています。たとえば、金融庁の「金融機関のシステム障害に関する分析レポート」[注1] によると、2022年度におけるシステム障害の原因の3割以上が管理・人的要因とされています。これは、ハードウェア障害やソフトウェア障害の割合よりも多く、最も多い障害原因となっています。

　8.1.2で述べたとおり、ヒューマンエラーの障害分析や再発防止は、人を責める内容になってしまう、「ダブルチェックが駄目だったのでトリプルチェックにします」といった効果の薄いもの（もしくは逆効果）になるケースも多いなど、削減が難しい領域でもあります。

　作業品質の向上はシステム障害の削減に有効であり、作業品質向上のために有効な対策の1つが手順書です。手順書は、通常の運用作業だけでなく、障害対応などの緊急対応時にも使用するため、二次被害（→1.3.4）の防止、復旧対応（→4.4）といったシステム障害の減災にも有効です。

　手順書作成のポイント解説に移る前に、人間はどのようなミスを犯す可能性があるのか、ヒューマンエラーの種類について解説します。

## 11.1.1 ヒューマンエラーの種類

　本書では**ヒューマンエラー（人的ミス）**を、「要求とは異なる人間の行為もしくは人間の関与によって発生した事故」と定義しています。ヒューマンエラーと一言でいっても、複数の種類があり、要因や対策は異なります。

　以下の表にヒューマンエラーの種類を示します[注2]。

---

注1）「金融機関のシステム障害に関する分析レポート」／金融庁
https://www.fsa.go.jp/news/r4/sonota/20230630-2/01.pdf
注2）「生活衛生関係営業の生産性向上を図るためのガイドライン・マニュアル【2020年度版】」（厚生労働省）内の「取組方法が分かるマニュアル（基礎編）」を参考に作成しました。
https://www.mhlw.go.jp/stf/seisakunitsuite/bunya/kenkou/seikatsu-eisei33/index_00002.html

| ヒューマンエラー | 意図しないエラー | 記憶エラー | 作業を忘れる |
|---|---|---|---|
| | | 認知エラー | 見間違い、聞き間違い |
| | | 判断エラー | 現在の状況把握を誤る<br>次にすべき判断を誤る |
| | | 行動エラー | 操作を誤る |
| | 意図的（違反） | | ルールを守らない |

　表にある通り、ヒューマンエラーは意図しないものと意図的なものに分類されます。意図しないエラーは、記憶・認知・判断・行動のエラーに分類されます。一方で、意図的なものは違反行為・不正行為であり、手順書などでは防げないため本書では取り扱いません。

## 11.1.2 ◆ 意図しないヒューマンエラーの具体例

　ここでは意図しないヒューマンエラーについて、Webシステム運用でおなじみの「SSL証明書の更新作業」を例として示します。

　SSL証明書は、SSL/TLSの技術を用いて認証局が発行する電子証明書であり、通信データの暗号化やサイトの運営者の実在証明に使用されます。SSL証明書の更新作業とは、新しい証明書ファイルを作成し、サーバ上に存在する有効期限の切れる古い証明書ファイルと置き換える作業なのですが、実に多くのミスが発生します。

## ▎意図しないヒューマンエラーの数々

### 記憶エラー
・SSL証明書の有効期限日を忘れる
・作業内容を忘れる

### 行動エラー
・誤って更新ボタンを押してしまう
・コマンドの入力を間違える

同じようなファイルが
たくさんあるなぁ……

XXX.pem
AYX.pem
XYX.key
XYX.csr
AYX.crt
XYX.pem

### 認知エラー
・ファイル名やサーバ名を
　見間違える

見慣れないエラーが表示されているけれ
ど、以前もやった作業だし大丈夫だろう

この接続では
プライバシーが
保護されません

### 判断エラー
・エラーが表示されているのに
　問題ないと思い込む

　この図からもわかるように、1つの作業だけでもヒューマンエラーが起きる要因は多様であり、複数の種類に分けられます。人間がどのようなミスを犯すのか理解しておくことで、手順書の品質を上げられます。

　次のセクションでは、こうしたヒューマンエラーの種類を踏まえた上で、ヒューマンエラーを防ぐ手順書作成について解説します。

## このセクションの まとめ

このセクションでは、ヒューマンエラーの種類について解説しました。

・ヒューマンエラーには、意図的なものと意図しないものがある
- ☑ 意図的なものとは、ルールや手順をあえて破る行為を指し、違反行為や不正行為とされるもの
- ☑ 意図しないものには、記憶エラー、認知エラー、判断エラー、行動エラーがある

---

**Column** 実は大変なSSL証明書の更新作業

　本書で例として取り上げているSSL証明書の更新作業は、さまざまな要因によって作業ミスの常連です。複数ファイルの組み合わせがあって取り違えやすい、PC／スマホ／その他すべての接続経路での動作確認が必要で確認が困難、作業難易度が高いにも関わらず「単なるファイル置き換えの定期作業」となめてかかる作業担当、不十分な工数確保、ギリギリの作業スケジュールなどなど、本当につらいのです。

　なお、この作業はACM（AWS Certificate Manager）などを利用して自動更新することが可能な場合もあります。多くのインフラ作業は、パブリッククラウドのマネージドサービスを利用することで削減できる可能性があるため、活用を検討しましょう。

# 11.2 ヒューマンエラーを防ぐ 手順書の作成

本章の冒頭にも記載した通り、手順書は作成者のスキルや文化によって作成レベルに差が出てきます。ここではヒューマンエラーを防ぐことを念頭に置き、手順書の作成において気を付けるべきポイントを解説します。

## 11.2.1 ◆ 手順書作成における主なチェックリスト

手順書作成時における主なチェックリストを以下に示します。なお、これらがすべてではないことに留意してください。各現場でカスタマイズして使用することを推奨します。

カスタマイズのインプットは、実際に各現場で発生した作業ミスなどをベースにすると良いでしょう。ただし、8.1.2でも述べた通り、チェック項目数が増えると確認意識が希薄になります。チェック項目は10個程度までにして、入れ替えをしながらメンテナンスしていくことをお勧めします。

### ● 1　手順書番号・改定履歴・作成責任者を記載する
［主に関連するエラー］認知エラー、判断エラー

古い手順書など誤った手順を使用してしまうことを防ぎます。そのためには、手順書を一意にするための手順書番号などを付与することをお勧めします。日本語名だけだと数が増えてきた場合に判別ができず、取り違えが起きやすくなります。印刷して使用する場合もあるので、ファイル名に含めるだけでなく、手順書自体にも記載しておくことを推奨します。

改訂履歴を記載することで、思わぬ変更が入っていないかを確認できるようになりますし、手順書のオーナーを明確にすることで手順について問い合わせができるようになります。責任を持たせることで陳腐化を防ぐことにつながります。

これらの項目について、手順書管理ルールを定めて運用していく必要があります。手順書管理ルールでは、手順書の保管場所、最新版や更新履歴管理の方法、ネーミングルールなどを定めます。使用実績もわかるようになると、手順書の陳腐化リスクを確認できるようになるのでお勧めです。手順書管理ルールをおざなりにすると、毎度「信じて良いかわからない文書ファイル」を前に悩むことになるため、作業品質だけでなく作業効率も落とすことになります。

**┃信じて良いかわからない文書ファイル**

最新の手順書を使って
更新を実施してください！

……どれが最新？

文書管理サーバ

SSL証明書更新手順書.doc
更新日付 2023/07/7

SSL証明書更新手順書（最新）.xlsx
更新日付 2022/03/7

Webサーバ証明書更新手順.xlsx
更新日付 2023/04/5

### ● 2　各要素作業のインプット／アウトプットを明記する

［主に関連するエラー］記憶エラー、認知エラー

　ファイル名の失念、取り違えなどを防ぎます。そのためには、作業項目ごとにインプット／アウトプットを明確に記載することが必要です。格納場所（フォルダパス）、ファイル名、URLなどを明記します。以下のように、どこにある何というファイルなのかを具体的に記載しないのは悪い例です。

悪い例
☑XXXさんから連携されたファイルを使用する

### 3　要素作業にはチェック欄を設け、作業実施ごとに潰し込めるようにする

［主に関連するエラー］認知エラー、行動エラー

　要素作業とは、「更新ボタンを押下する」といった手順書内の作業項目です。要素作業にチェック欄を設けることで、手順やコマンドの実施順序をとばしたり、順序を間違えたりすることを防ぎます。

　チェック欄には、チェックボックス☑だけがある場合あれば、実施者／複眼チェック確認者／実施日付などを記載するものがあります。後者は、手順書の途中で実施者が変わる可能性がある場合や実施時間が長い場合に、要素作業ごとに設けることを推奨します。そうでなければ、手順書単位に設ければ良いでしょう。作業特性に応じて適切なものを選択してください。

### 4　要素作業ごとに、想定される正しい実施結果を明記する

［主に関連するエラー］

　記憶エラー、認知エラー、判断エラー、行動エラー

　想定される実施結果について記載することで、作業者が作業の妥当性を判断できます。要素作業ごとに、「何をもって正しいと判断できるのか」具体的に記載しましょう。悪い例、良い例は下記の通りです。

悪い例
☑実施結果が正しいことを確認する

良い例
☑XXXの値が90以上になっていることを確認する

### 5　イレギュラーやうまくいかない場合の対処法、エスカレーション方法を明記する

［主に関連するエラー］判断エラー

　手順書を実施した際、4にある「正しい実施結果」が得られない場合の対応

方針を事前に定め、明記しておきます。これにより作業者の判断ミスを防ぎます。原則として、作業を中断して上長や有識者へエスカレーションし、対応方針（調査実施・作業継続・作業中断・作業戻し）を検討することが一般的です。

### 6　手順書の実施可能条件を明記する

［主に関連するエラー］判断エラー、行動エラー

　実施可能条件を明記することで、本来使用してはいけない状況で該当手順書を使用してしまうことを防ぎます。たとえば、特定の条件にあるサーバ（たとえばロードバランサーで閉塞され、リクエストが到達しないWebサーバなど）で実施する前提で作成された手順を、その状態にないサーバで使用してしまい障害につながるといったものです。こういった障害を防ぐには、手順書には要素作業だけでなく手順を実施可能な条件（手順の実行環境や実施可能タイミングなど）を整理して記載しておくことです。これらの情報が記載されていない手順書は、信じて良いか疑わしいものと考えましょう。

### 7　作業目的、作業概要を明記する

［主に関連するエラー］記憶エラー、認知エラー、判断エラー

　作業目的、作業概要を明記することで、作業担当者以外も目的や概要を理解できます。これにより、手順書のレビュー精度を向上させられます。また、作業者は手順の遂行のみに注力してしまうことがありますが、作業目的や概要を理解していれば、実施時に問題があれば違和感に気付けるケースがあります。

### 8　手順書内で、手順の正当性を確認できるようにする

［主に関連するエラー］記憶エラー、認知エラー、判断エラー、行動エラー

　最終的にどうなっていれば良いのか、手順書内に明確に記載します。動作

確認の手順、検証手順を記載することで、手順実行上の問題を早期に検出できます。たとえばSSL証明書の更新作業であれば、opensslコマンドや実リクエストでの動作確認を行います。

### ● 9　わかりにくい表現（文章のみ、手順内の条件分岐など）は極力避ける
［主に関連するエラー］認知エラー、判断エラー、行動エラー

　言語だけに頼らず、図表や画面ハードコピーを活用しわかりやすい表現をにすることで、手順の実施ミスを防ぎます。また、手順書内に分岐（たとえば、XXXの場合は実施しない、YYYの場合は手順5から実施するなど）があるとわかりづらくなるため、極力避けるようにします。もし実施手順内に分岐がある場合には、概略のフローチャートを付けることを推奨します。
　概略フローチャートでは、要素作業単位レベルでのフローを記載して全体の流れを把握できるようにします。たとえば下図は、「XXXの場合は、作業3は実施しない」という分岐パターンの概略フローチャートです。

**▌概略フローチャートの例**

［主に関連するエラー］無し

　ヒューマンエラーを防ぐことには有効ではありませんが、ミスが発生した際の追跡に有益な情報となるため、操作ログなどの作業証跡を取得することを推奨します。

## 11.2.2◆ ヒューマンエラーを防ぐ手順書作成のポイント

　ここでは、ヒューマンエラーを防ぐことを目的とした手順書を作成する上で大切なポイントについて解説します。

### )Point 手順書を管理するツールの機能を確認する

　作成した手順書をファイルサーバなどで管理しているチーム、GitやSubversionなどで変更管理をするチーム、共同ワークスペースツールで管理するチームなどがあります。現状、どのような文書管理ツールが現場に浸透しているかなどによって最適な状況は異なりますが、以下のような機能を持つツールがお勧めです。

☑ 版管理ができること
　版管理によって、手順書のデグレードや二重更新などを防ぎます。

☑ 検索性が高いこと
　たとえばタグを付与して、必要な手順書をすぐに取り出せるようにします。

☑ ワークフローツールと連携できること
　文書承認のワークフローと連動させることで、承認された手順書を格納できます。また、手順書を使用する作業チケットと連携させることで、当時の作業でどの手順書を使用したのかなどを把握・管理できるようになります。

**》Point** 作業手順書の作成により作業内容が整理され、業務改善につながる

作業手順の整理は、作業品質の向上だけでなく作業の効率化にも有効です。

作業手順書を作成・レビューする中で「実は実施不要な作業だった」ことがわかるというのはよく起こります。この作業は何のために実施しているのか、前後のチームにとってどのような意味があるのか、を確認することで、今まで思い込みや儀式的に実施していた作業を不要にすることができるかもしれません。

また、作業手順書そのものや作成工程を通じて作業の背景を理解することで、属人化を防止できます。作業手順書の整理は、単なるタスクではなく運用改善の1つとして捉えましょう。

**》Point** 作業計画を整理し、事前に認識合わせを行う

予定した作業がある場合は、作業体制やタイムチャートといった作業計画を整理し、事前に認識合わせを行います。特に作業リミット時間を判断するポイントや、作業リミット時間に到達した場合の方針（作業を戻すかどうか、中止するか続行するか、など）について合意しておきます。

## このセクションの まとめ

このセクションでは、ヒューマンエラーを防ぐ手順書作成のポイントについて解説しました。

・手順書作成のチェックポイントは、現場の障害実績をベースにメンテナンスしていくと良い。代表的なものは以下のとおり

☑1　手順書番号・改定履歴・作成責任者を記載する

☑2　各要素作業のインプット／アウトプットを明記する

☑3　要素作業にはチェック欄を設け、作業実施ごとに潰し込めるようにする

- ☑4 　要素作業ごとに、想定される正しい実施結果を明記する
- ☑5 　イレギュラーやうまくいかない場合の対処法、エスカレーション方法を明記する
- ☑6 　手順書の実施可能条件を明記する
- ☑7 　作業目的、作業概要を明記する
- ☑8 　手順書内で、手順の正当性を確認できるようにする
- ☑9 　わかりにくい表現（文章のみ、手順内の条件分岐など）は極力避ける
- ☑10 　操作ログなどの作業証跡を取得する

　この章では、ヒューマンエラーの種類と、それを防ぐための手順書について解説しました。注意していただきたいのは、手順書だけではヒューマンエラーを防げないということです。11.1のコラムでも触れましたが、無理なスケジュール、スキルセットの問題、煩雑な要件などさまざまな要因によってミスは発生します。手順書は、ヒューマンエラーの発生確率を下げるものに過ぎません。

　ヒューマンエラー削減に最も効果的なのは、作業そのものをなくすことです。8章でも述べたとおり、システム運用における手作業（Toil）を極力なくしていくことが重要です。

　しかしながら、手作業を完全になくすことが困難であるのもまた現実です。手作業を実施する際は、より良い手順書を作成しましょう。そのときに本章の内容が役立てば幸いです。

　本書で紹介した金融庁の「金融機関のシステム障害に関する分析レポート」は、金融機関からのシステム障害報告を基とし、分析結果や事例を毎年公開しています。システム障害は増加傾向にあり、管理面・人的要因に関する割合も増えている状況です。

　ITのビジネスにおける重要性、複雑性は増しており、今後もこの傾向は続くと考えています。

▎金融機関（全業態）のシステム障害件数推移と原因分類（金融庁「金融機関のシステム障害に関する分析レポート」を参考に筆者作成）

出所：「金融機関のシステム障害に関する分析レポート」／金融庁
https://www.fsa.go.jp/news/r4/sonota/20230630-2/01.pdf
https://www.fsa.go.jp/news/r3/20220630/system01.pdf
https://www.fsa.go.jp/news/r2/20210630/system_01.pdf

# 第 12 章

# エンドユーザ向けの
# 情報発信

　この章では、エンドユーザ向けの情報発信について解説します。3章で解説した役割では、ユーザ担当・ユーザ部門が実施する対応になります。広報部門や法務部門が関与することもあります。

　システム障害時には、障害の影響を受けているエンドユーザに向けた適切なアナウンスをしていくことが重要です。しかし、昨今のシステム障害の状況を鑑みると、残念ながら大きく報道されるような社会的影響の大きいシステム障害であったとしても、十分なアナウンスができていないケースが散見されます。

　そこで本章では、システム障害時のアナウンスについて主要なポイントを解説します。まず12.1で情報発信の目的と、どのような内容を発信するべきなのかを解説します。次に12.2で、発信の方法について解説します。

# 12.1 ◆ エンドユーザ向けの情報発信の目的と内容

このセクションでは、エンドユーザ向けの情報発信の目的と必要な発信内容について解説します。なお、2023年3月に総務省より「電気通信サービスにおける障害発生時の周知・広報に関するガイドライン」注1も公表されています。携帯電話などの電気通信サービスを想定したものですが、他業界でも参考になるものなのでぜひ参照してください。

## 12.1.1 ◆ 情報発信の目的

エンドユーザ向けの情報発信の目的は、システム障害の影響を受けたユーザが、最善の行動をとれるようにすることです。システム障害は未知の問題であり、復旧方法には複数の手段があり、その結果もまた無数にあります。しかも、刻一刻と状況は変化します。

たとえば、予約情報の登録処理にシステム障害が発生したケースにおいて、復旧手段として次の2つの選択肢があったとします。

1. バックアップからデータを戻してからシステム再開
2. バックアップからデータを戻さず、トランザクションやデータに不整合がないかエンジニアがチェックしてからシステム再開

もし、システム障害対応チームが「1. バックアップからデータを戻す」ことを選択した場合、バックアップから障害時点までのデータは消失することになりますので、ユーザは予約情報を再登録するといった対応が必要になります。

一方で、システム障害対応チームが「2. バックアップからデータを戻さず、

---

注1)「電気通信サービスにおける障害発生時の周知・広報に関するガイドライン」／総務省
https://www.soumu.go.jp/main_content/000869357.pdf

トランザクションやデータに不整合がないかエンジニアがチェックする」ことを選択した場合、データは消失しませんが、調査には長時間かかる可能性があります。この場合、ユーザは予約再登録の対応はせずにシステムの再開を待ち続ける必要があります（もし再登録をしてしまうと、二重登録になるおそれが生じます）。

　これは二択のシンプルなケースですが、実際にはもっと複雑なケースも多いでしょう。このように、無数に分岐するシステム障害の状態とその復旧手段・結果に応じてユーザのとるべき行動は変わってきますので、最善の行動をとれるように情報発信を行う必要があるのです。

## 12.1.2 ◆ エンドユーザに向けて情報発信する内容

　システム障害が発生した際には、以下のような情報発信が必要となります。特に影響範囲・代替手段・問い合わせ先の情報は重要です。

【掲載日時】
☑ この情報はいつ時点のものか

【影響範囲】
☑ いつから発生しているのか
☑ いつまで影響があったのか（復旧後に記載）
☑ どのシステムが利用できて、どのシステムが利用できないのか

【原因】
☑ 障害の原因

【対処方針】
☑ 復旧に向けたシステム的な対処方針
　　例：「故障したサーバ機器の交換を実施」

【復旧日時】
☑ 復旧日時もしくは見込みについて記載する。未定であれば未定と記載

【代替手段】
☑ システムが使えない場合の代替手段

例：「行内ATMが使えないため、コンビニATMを使用してください」「スマホアプリが使えないため、PCのWeb画面を使用してください」

【補償内容】

☑ システム停止に伴う補償内容

一定時間のシステム停止に伴って返金する契約となっているシステムの場合などは、その返金方法などについて記載します。

【問い合わせ先などユーザが情報を得るための手段について】

☑ 本障害の問い合わせ先

ヘルプデスクや特設した窓口の連絡先などを記載します。

☑ 続報の発信方法

例：「復旧時にはまた当社ホームページにてお知らせいたします」など

**Column** システム障害情報の発信は積極的に行う

　システム障害情報の発信に消極的な企業がありますが、非常に良くない対応です。自社の評判を優先し、ユーザの利便性・財産・安全をないがしろにしているとも捉えられかねず、システム障害を起こしたことよりも批判を受けることになります。

▌システム障害情報の発信（悪い例）

システム障害になっても
まったく情報を発信しないケース

システム障害時に適切な情報発信ができるか
どうかで、ユーザからの評価は大きく変わる

● XXXX @XXXX!
XXXX社公式SNSアカウント

公式キャラクター○○くんが
XXXX社の情報を発信します。

XXTube

大炎上！システム障害
XXXX社に放置されたので
凸してみた

再生数25万

● QQQQ @QQQ-Q 5分

またアプリが使えないんだけど障害？ここはいつも肝心のところで使えない印象
#XXXX社システム障害
#ゴミアプリ

● インフルエンサー

XXXX社さん　システム障害連発も
ユーザ放置で逃げきりか!?

50万いいね

**)Point** 障害発生中は原因について詳細にアナウンスする必要はない

　システム障害の発生中は、原因について詳細にアナウンスする必要はありません。ユーザにとっては、システムの利用可否・自分がとるべき対応について知ることが大切だからです。ただし、システム復旧後には、ユーザの信頼を損なわないためにもシステム障害の原因や再発防止策を発信する必要があります。

このセクションの **ま と め**

　このセクションでは、エンドユーザ向けの情報発信の目的とその内容について解説しました。

・エンドユーザ向けの情報発信の目的
　☑ システム障害の状態とその復旧手段と結果に応じて、ユーザのとるべき行動は変わる
　☑ システム障害の影響を受けたユーザが、最善の行動をとれるように情報を発信する
・エンドユーザ向けに発信すべき情報
　☑ 影響範囲
　☑ 代替手段
　☑ 補償内容
　☑ 問い合わせ先　など

　これでユーザ向けに何を発信するべきかがわかりました。次のセクションではどのように発信するのか、その方法について解説します。

## 12.2 ◆ エンドユーザ向けの情報発信の方法

　システム障害が発生した際には、エンドユーザに届くように情報発信していくことが必要です。そのためには複数の手段で発信していく必要があります。どのように発信していくか主な発信手段ごとに解説します。また、本書で取り上げる手段以外にも、報道機関や行政など第三者を経由した発信なども業態によってはあります。

## 12.2.1 ◆ Webサイトへの掲示

　Webサイトは、自社が発信する公式情報を掲示する場所として認知されている場所です。そのため、システム障害情報を発信する最も基本的な場所と言えます。自社もしくは対象ITサービスのWebサイト、社内向けのITサービスであれば社内ポータルサイトなどを指します。

　障害発生中は、通常の「おしらせ」ページだけでなく、トップ画面の目立つ場所にシステム障害の発生を表示します。トップ画面のリンクから詳細な説明画面に遷移できるようにします。トップ画面で障害内容のすべてを表示することも可能ですが、他の情報と混じってしまい視認性が悪くなります。そのため、トップ画面では障害発生を知らせることを目的とし、専用のページに誘導することを推奨します。

　システム障害情報を発信する画面例は以下のとおりです。

　この例では、システム障害情報を文章で記載するだけでなく、システム全体の稼働情報をダッシュボードで表示しています。そうすることで、何が使えて何が使えないのかがよりわかりやすくなります。他にもITサービスの内容によっては、地図情報と組み合わせて地域ごとの提供状況を表示する、ユーザ別に影響を表示するといったことも考えられます。

　過去の障害状況がわかるようにしておくことも必要です。これは、後から障害を確認するエンドユーザもいるためです。また、障害復旧後には、障害

報告書（再発防止書）を掲示し、判明した障害原因や対策状況を記載します。障害報告書の記載内容については3.2.8を参照してください。

## システム障害情報発信画面の例

この例では障害情報トップに概要を記載しているが、初報／続報／終報それぞれのタイトル・発信日時を記載し、詳細はリンク先に記載する方法でも良い。全体の視認性や、過去の発信情報を知りたいかどうかなどにより決めることを推奨

自社Webサイトのトップ画面やSNSなどで発信し、システム障害情報画面に誘導する

**XXXX社**
**システム障害情報**

### 現在システム障害が発生しています

7/22 14:20更新
7/22 14:00頃よりチケット予約システムが利用できない状態になっています。復旧予定は未定です。店頭チケット予約システム、もしくはコールセンターチケット予約をご利用ください。
お問い合わせ先　099-9999-xxxx

### システム稼働情報

凡例： ✓ 正常稼働　✗ 障害発生中

**Web**

✗ システム障害発生中

チケット予約システム　　ポイント管理システム　　XXXXシステム

**モバイルアプリ**

✗ システム障害発生中

チケット予約システム　　ポイント管理システム　　XXXXシステム

**店頭サービス**　　　　　　**その他**

チケット予約システム　　チケット発券　　コールセンターチケット予約

過去のシステム障害の履歴および障害報告書（再発防止書を含む）を見られるようにする

障害情報履歴へ

**)Point ログイン不要な画面で発信する**

　ログイン後のユーザ画面で掲示した場合、認証系の障害になった場合に
ユーザが確認できないため注意が必要です。ログイン不要の画面で情報発信
することを推奨します。

**)Point 感覚的手段だけで情報を伝えない**

　たとえば、正常と異常を示すマークは国によって異なります。日本では、
✔は誤りを示すことがありますが国によっては正常を示します。また、必ず
しも○が正常を示さない国もあります。そのため、この例ではグリーンカラー
の○に✔を正常とし、異常をレッドカラーの○に×として表現しています。

　なお、凡例を付けることや文字情報で補足しておくことにより誤解を防止
できます。知覚と認知が異なる可能性があるため、色や形、音などの感覚的
手段だけを情報伝達の手段とはしないでください[注2]。

# 12.2.2 ◆ SNSの公式アカウントによる発信

　SNSは重要な情報発信ツールであり、ユーザからの発信期待も大きいもの
です。また、ユーザ達は虚実取り混ぜながら情報を発信・拡散していきます。
SNS上で公式情報を発信していくことは、ユーザを適切な方向に誘導するた
めに有益です。

　ただし、前提事項として公式アカウントを平時から用意し、定期的に発信
を行い認知・認証されていることが必要です。そして、システム障害が発生
したときにSNSをどのように活用するのか決めておく必要があります。

　システム障害時にはSNS公式アカウントにて発信を行います。Webサイト
があるのであれば、SNSでの発信内容やタイミングはWebサイトでの情報発
信と合わせて実施します。SNSにもよりますが、文字数に制限がある場合は
簡潔に情報を発信し、詳細はWebサイトに誘導します。

　Webサイトと異なり、SNSは双方向のチャネルです。ユーザ側の反応がわ

---

注2)「Web Content Accessibility Guidelines (WCAG) 2.0」／W3C
https://www.w3.org/TR/WCAG20/

かるため、状況をシステム障害対応チームへフィードバックしましょう。

## 12.2.3 ◆ スマホアプリでの発信

スマホアプリを提供している場合は、システム障害情報をアプリのトップ画面に表示します。表示する内容やタイミングは、Webサイトでの情報発信と合わせて実施します。

注意点としては、システム障害の影響などでアプリ自体が使えないケースでは、情報発信の手段として用いることはできません。そのため、Webサイトでの発信も併用することが必要です。

## 12.2.4 ◆ 店舗窓口、コールセンター問い合わせ窓口

業態によって事情が異なるため、一概には言えない面もありますが、店舗やコールセンターを持つITサービスであれば、ここでも情報発信の対応を行います。主に問い合わせ対応という手段をとるため、他の手段に比べて受動的です。インターネットアクセスの手段を持たないユーザがいる場合や、ネットワーク障害時にはここが情報発信のメインになります。さらには、情報発信だけではなく代替手段の提供や復旧作業を担うケースもあります。

他の手段と異なり、人手を介した対応となります。そして、必ずしもITに精通していない人間が対応を行うことになります。そのため、現場任せにはせず上位層で対応方針を決め、各現場に通達・展開するという動きをとります。店舗部門やコールセンター部門の上位層と、IT部門のシステム障害対応チーム（関係者の間で立ち回り、エンドユーザ向けの対応方針決定、もしくは意思決定をサポートするのがユーザ担当（→**3.1.3**）の役割です）で協議し、対応方針を決定します。

店舗では、サイネージや張り紙などでシステム障害が発生していることを掲示した上で、エンドユーザからの問い合わせ・クレームの対応にあたります。コールセンターでは、通常回線だけでなく特設の番号を設けて対応にあたることもあります。

SNSと同じく双方向のチャネルになりますので、ユーザの反応や対応状況はシステム障害対応チームにも共有します。共有内容は、問い合わせの件数、期間などの定量的な情報だけでなく、内容・温度感などの定性的な情報も必要です。そして、現場で十分に対応ができているかどうかの情報も必要です。店舗の職員が足りなければ応援を呼ぶ必要もあります。コールセンターでは、入電数や呼損率（電話回線が空いておらず、接続されなかった率）の状況を把握しながら対応状況を管理します。

### ●Point 早い初報と定期的な情報発信を行う

　初報は詳細な内容よりもスピードを優先します。その後の続報・復旧報にて情報を追加します。

　また、情報発信がない状態が続くとユーザに不安を抱かせることにつながるため、（進展がなかったとしても）定期的な情報発信を行います。発信のスピードは、対象システムに求められるサービスレベルにも依存しますが、前述の総務省のガイドラインでは「初報30分以内、続報1時間ごと」とされています。障害対応チームからユーザ担当・部門への情報連携が必要となるため、事前に合意しておきましょう（→**3.2.4**）。

### ●Point 情報発信に関わる部門が合同でシステム障害対応訓練を実施する

　ユーザ部門や広報などの関連部門が、IT部門と合同で訓練を定期的に実施し、情報発信などがスムーズにできるようにします。（→**8.2、10章**）。

## Column 失敗から学ぶということ

　本書の「はじめに」（P.002）では、ハドソン川の奇跡について触れています。この不時着水事故機の機長インタビューには、以下のような言葉があります。

> 我々が身に付けたすべての航空知識、すべてのルール、すべての操作技術は、どこかで誰かが命を落としたために学ぶことができたものばかりです。（中略）大きな犠牲を払って、文字通り血の代償として学んだ教訓を、我々は組織全体の知識として、絶やすことなく次の世代に伝えていかなければなりません。これらの教訓を忘れて一から学び直すのは、人道的に許されることではないのです。

> 出典：『失敗の科学』／マシュー・サイド［著］／有枝春［訳］／ディスカヴァー・トゥエンティワン（2016年）P.61

　航空業界の事故・インシデントの報告書については、運輸安全委員会のサイト[注3]で誰でも読むことができます。そして、報告書の冒頭には、事故原因を分析し再発を防止することが目的であり、事故責任を問うものではないといった趣旨の内容が記載されます。

　ITサービスでは、たとえば本章で取り上げた「電気通信サービスにおける障害発生時の周知・広報に関するガイドライン」も、事業者や有識者などで構成される電気通信事故検証会議[注4]で議論されているものです。こういった活動は、システム障害の経験を業界全体の改善に活かす非常に良い取り組みです。また、エンジニア有志による勉強会[注5]も増えてきました。システム障害を対岸の火事ではなく他山の石として学んでいきましょう。

---

注3）運輸安全委員会
https://www.mlit.go.jp/jtsb/index.html
注4）「電気通信事故検証会議　周知広報・連絡体制ワーキンググループ 取りまとめ」
https://www.soumu.go.jp/main_content/000858975.pdf
注5）Incident Response Meetup vol.1
https://incident-response.connpass.com/event/304636/

# このセクションの まとめ

　このセクションでは、エンドユーザ向けの情報発信の方法について、発信例も含めて解説しました。

・複数の手段で情報発信を行い、エンドユーザ向けに障害状況が共有できるようにする
　☑ Webサイト
　☑ SNS公式アカウント
　☑ スマホアプリ
　☑ 店舗やコールセンター

・情報発信の際に留意すべきポイント
　☑ ユーザのログインが不要な場所に情報を掲示することを推奨
　☑ 色やマークを効果的に使うことも必要だが、感覚的情報だけに依存しない
　☑ システム障害発生時は、迅速な初報と定期的な情報発信を行う
　☑ ユーザ部門と合同で障害対応訓練を実施し、スムーズな対応ができるようにする

　システム障害対応には、IT部門だけでなく複数部門の協働が不可欠です。システム復旧を主導するIT部門と共に、他の部門は情報発信や業務の代替手段の確保を行うなど、緊密な連携が求められます。このような協働により、迅速かつ効果的な対応が可能となります。困難に直面しても、協力し合い一緒に乗り越えることが必要です。
　この改訂新版が、より実践的な手法を皆さんに提供し、システム障害対応能力の向上に役立つことを願っています。

# Appendix

## 難易度の高い
## システム障害ケース

Appendixでは、難易度の高いシステム障害ケースをいくつか
紹介するとともに、対応時のポイントについて解説します。

# ビジネスロジックアプリケーション障害と「誤データの波及」

難易度の高いケース **1**

　ビジネスロジックアプリケーションの障害において影響範囲の特定やフォローが難しい事例として、誤ったデータが他の処理に波及するケースを解説します。

　誤ったビジネスロジックで更新されたアウトプットデータ（データベースやインタフェースファイル）がある場合、それらをインプットとする別のビジネスロジックアプリケーションも誤った更新処理を行うことになり、以降それが繰り返されることになります。影響は広範囲におよび、調査は非常に困難になります。影響を受けたものが法定帳票などクリティカルな業務の場合には、正確な影響把握と修正が求められます。

**┃誤ったデータが他の処理に波及する例**

対応のポイントは以下になります。

### ⟩Point 影響拡大を防ぐ

　バグのあるアプリケーションが動き続けていると、影響は広がり続け、業務影響調査も永遠に終わらないことになります。これ以上影響が広がらないように手を打つ必要があるので、まずは原因となっているアプリケーション（前掲の図であれば①の発注処理）の停止を検討します。しかしながら、それは本アプリケーションを使用した業務の停止を意味します。ユーザ部門と共に代替業務手段（例：システムを使わない手作業）を検討してから実施しましょう。

　また、本アプリケーションバグの影響を受けるユーザが「一部」である場合は、さらに判断が難しくなります。仮に、アプリケーションを停止して代替業務に切り替える手段をとる場合、他の「システム障害の影響を受けていないユーザ」にも影響が広がってしまうからです。アプリケーションを停止させず、後から個別フォローしたほうが良いと判断することもあります。

### ⟩Point トランザクションの手動フォローには限界がある

　プログラム修正に時間がかかる場合、手動で正しい値を計算して、それをデータベースに反映するといったフォローが考えられます。しかしながら、件数が多い場合、手動計算の結果に誤りが出ることが多いです。名称の修正など、単純なケースであれば良いのですが、金額計算などの処理の場合は手作業でのフォローはかなり難しいでしょう。

　私の経験上、正しいプログラムに修正したうえで、すべての処理を最初からやり直したほうが結果的には近道になると考えています。

# インフラ障害における
# 機器の「半死」

　インフラ設計の経験がある人は、可用性の設計をしたことがあるはずです。フェイルオーバー、ロードバランサーの切り替え、ネットワークスイッチの切り替えなどです。こうした可用性設計の思いを打ち砕くのが、機器の「半死」です。

　インフラは、コンポーネントの障害を検知して自動切り替えを行います。この障害検知がうまくいかない場合—たとえばコンポーネントの内部プロセスがハングアップし業務処理を行えないにもかかわらず、ハートビート監視応答があるために障害を検知できず、自動切り替えが行われないケース—では、該当コンポーネントは処理継続が不可能であるにもかかわらず、新しいリクエストを受け付けてしまうため影響が広がっていきます。

### ●Point 早急な手動切り替え判断を行う

　機器の「半死」では、これ以上の影響拡大を防ぐためにできる限り早く手動で切り替える必要があります。自動切り替えが発動せず、対象のコンポーネントに対するエラーが頻発している場合は、障害検知の仕組みがうまく動いていないことを想定して半死を疑い、早急な手動切り替えの判断を下しましょう。

### ●Point 監視の見直し、改善を行う

　障害対応後には、監視を見直しましょう。コンポーネント単体の死活監視しか行っていないのであれば、業務処理に近い監視を行うことですぐに気付けるかもしれません。業務処理に近い監視とは、データベース単体の監視処理を行うのではなく、ユーザアカウントでログインし、Webサーバからデータベースまで一気通貫での監視や、Webシナリオ監視といったものです。

　また、「障害対応時にどうやって半死だと判断したのか」の記録を残しておきましょう。これは、非機能設計見直しの重要なインプットになります。

# 大規模インフラ障害と「伝言ゲーム」

難易度の高い
ケース
**3**

　たとえば、データセンターにシステム障害が起きたとしましょう。特定の電源経路に障害が発生し、多くのサーバが停止しています。このような状況では、業務影響を特定するまでに多くの「伝言ゲーム」が発生し、対応を難しくします。

☑ ファシリティチームから、障害が発生している電源経路、影響があるサーバラックの情報

☑ インフラチームから、障害が起きたサーバやネットワーク機器の情報

☑ 業務アプリケーション担当チームから、停止中のアプリケーションの情報

☑ ユーザ担当から、影響を受けている業務の情報

　影響を特定するには、上記のようなレイヤごとの各チームの情報をつなぎ合わせる必要があります。ところが、紐付けする情報がない場合、影響の特定には時間がかかります。

### ）Point 関係者の招集と構成管理情報の紐付けを行う

　伝言ゲームによる情報ロスを防ぐには、関係者を招集し、それぞれのレイヤにおける構成管理情報と生死情報のステータスを持ち寄って突き合わせを行います。その後、復旧優先度の高い業務⇒業務アプリケーション⇒インフラというように、優先度を付けて各レイヤが連携しながら対応を行います。

### ）Point 構成管理データベースを導入する

　複数のレイヤにまたがるシステム障害に対応するには、6章で解説した構成管理データベースが有効ですので、導入を検討しましょう（**→6.5**）。障害原因部位を検索条件として入力し、想定される影響範囲を検索結果として出力できるようにします。

# 4 ◆ キャパシティ障害

**難易度の高い ケース 4**

システム障害が発生する原因には、ハードウェア障害などの故障、システムの変更、ユーザによる想定外の使用などが挙げられますが、これらに該当しないシステム障害もあります。その1つがキャパシティ障害です。

たとえば販促キャンペーンなどで、突如大量のトラフィックが発生する場合、システム上のボトルネックが存在すると、システムがスローダウンし、最悪の場合停止に至ることがあります。

## ▶Point システムだけでなく業務イベントにも着目する

ハードウェア障害が発生しておらず、システム変更も行っていないにも関わらず、スローダウンなどの事象が発生している際は、キャパシティ障害を疑いましょう。何か特別な業務上のイベントが行われていなかったか、ユーザ担当と協力しながら情報収集を行いましょう。

緊急でリソースを増強する、一部ユーザやサービスにSorry画面を表示するなどして流量を制御する、などの対策が考えられます。リソースの増強が難しく、高負荷によってシステムの停止が懸念される場合には、流量制限が有効です。

## ▶Point 対応策を検討し改善する

システムを安定して運用していくうえでは、システムの情報だけなく、業務上のイベントについてもユーザ担当と情報を共有しておく必要があります。

スローダウンの原因特定には、APM (Application Performance Monitoring) の導入も有効です。リクエストの総時間のうち、どこで時間がかかっているのか特定できます (Webサーバ、データベースなど)。

緊急のリソース増強が容易なパブリッククラウドのオートスケーリング機能を利用したり、特定のサービスがリソースを使い切ってしまうのを防ぐスロットリング機能を実装したりするのも有効です。

# 難易度の高い ケース 5　災害時のコントロール ～3.11のふりかえり

　災害時のシステム障害は、想定外の事象が発生し対応は非常に困難になります。ここでは東日本大震災時の首都圏のケースを紹介します。地震や津波の直接的な被害を受けていない地域でも多くの問題が起きました。なお、紹介しているのは一部であり、実際にはもっと多くの問題が発生しています。

☑ 交通網の麻痺

　交通網が麻痺し、帰宅（出社）困難者が発生しました。さらに必要な保守部品が届かず、保守員が歩いて部品を運ぶケースもありました。

☑ コミュニケーション手段

　電話回線に比べインターネット回線は災害に強く、メールなどが中心になりました。また、直接的な被災地域とは連絡が取れない状況が続きました。

☑ 輪番停電

　関東圏は電力不足に陥り、地区ごとに計画停電が実施されました。データセンターでは商用電源から自家発電設備への切り替えが必要になりました。

☑ 外国人労働者の帰国

　原子力災害の影響を懸念し、多くの外国人労働者が帰国[注1]しました（家族の意向や本国政府の勧告も影響）。人員減少により業務調整が必要になりました。

　未曾有の大災害でも、多くの人がシステムを安定的に稼働させるために懸命の努力を行いました。それは誇るべきことです。しかし残念ながら、当時のことをシステム運用という視点で記録し公開している資料は多くありません。大きな災害は必ず起きます。そのときに本書でお伝えした内容が何かの役に立てば幸いです。

---

注1）「東日本大震災後の各国政府の勧告と在住外国人の行動との関係」／川崎昭如、ヘンリー・マイケル、目黒公郎［著］／地域安全学会論文集 No.21
https://www.jstage.jst.go.jp/article/jisss/21/0/21_219/_pdf/-char/en

# 参考文献

本書の執筆にあたり参考にした文献を下記に記します。その他、必要に応じて各章の脚注でも参考文献情報を明記しています。

## ICS　インシデントコマンドシステムに関する参考文献

・『緊急時総合調整システム基本ガイドブック　あらゆる緊急事態（All hazard）に対応するために』／永田高志、石井正三、長谷川学、寺谷俊康、水野浩利、深見真希、レオ・ボズナー［監訳］／日本医師会、東京法規出版（2014年）
・「災害時の指揮命令系統の構築　インシデントコマンドシステム（ICS）緊急時総合調整システムの紹介」／永田高志、王子野麻代、寺谷俊康、長谷川学、石井正三［著］／杏林医会誌46巻4号
　https://www.jstage.jst.go.jp/article/kyorinmed/46/4/46_275/_pdf
・「Incident Command System」（Wikipedia）
　https://en.wikipedia.org/wiki/Incident_Command_System
・「National Incident Management System」／アメリカ合衆国連邦緊急事態管理庁（FEMA）
　https://www.fema.gov/sites/default/files/2020-07/fema_nims_doctrine-2017.pdf

## War Room、OODAループ、COP、CTP、C4Iに関する参考文献

・『軍事システムエンジニアリング―イージスからネットワーク中心の戦闘まで、いかにシステムコンセプトは創出されたか』／大熊康之［著］／かや書房（2006年）
・「National Military Command Center」（Wikipedia）
　https://en.wikipedia.org/wiki/National_Military_Command_Center
・「Situation Room」（Wikipedia）
　https://en.wikipedia.org/wiki/Situation_Room
・「Common Operational Picture (COP) and Common Tactical Picture (CTP) Management via a Consistent Networked Information Stream (CNIS)」／アメリカ海軍調査研究所（NRL）
　https://apps.dtic.mil/sti/pdfs/ADA461803.pdf
・「C4Iシステム」（Wikipedia）
　https://ja.wikipedia.org/wiki/C4Iシステム

## バイアスに関する参考資料

・『作戦司令部の意思決定』／堂下哲郎［著］／並木書房（2018年）

## SRE、DevOps、スクラム、マネジメントに関する参考文献

・『SRE サイトリライアビリティエンジニアリング―Googleの信頼性を支えるエンジニアリングチーム』／Betsy Beyer, Chris Jones, Jennifer Petoff, Niall Richard Murphy［編］

／澤田武男、関根達夫、細川一茂、矢吹大輔 [監訳]／Sky株式会社 玉川竜司 [訳]／オ
ライリー・ジャパン（2017年）
・『サイトリライアビリティワークブック―SREの実践方法』／Betsy Beyer, Niall Richard
Murphy, David K. Rensin, Kent Kawahara, Stephen Thorne [編]／澤田武男、関根達夫、
細川一茂、矢吹大輔 [監訳]／玉川竜司 [訳]／オライリー・ジャパン（2020年）
・『SREの探求―様々な企業におけるサイトリライアビリティエンジニアリングの導入と
実践』／David N. Blank-Edelman [編]／山口能迪 [監訳]／渡邉了介 [訳]／オライリー・
ジャパン（2021年）
・「PagerDuty Incident Response Documentation」／PagerDuty
https://ueokande.github.io/incident-response-docs-ja/
・『プロダクションレディマイクロサービス―運用に強い本番対応システムの実装と標準
化』／Susan J. Fowler [著]／佐藤直生 [監訳]／長尾高弘 [訳]／オライリー・ジャパン
（2017年）
・『LeanとDevOpsの科学[Accelerate] テクノロジーの戦略的活用が組織変革を加速する』
／Nicole Forsgren Ph.D., Jez Humble, Gene Kim [著]／武舎広幸、武舎るみ [訳]／イ
ンプレス（2018年）
・『エンジニアのためのマネジメント入門』／佐藤大典 [著]／技術評論社（2023年）
・「スクラムガイド」／Ken Schwaber, Jeff Sutherland [著]
https://scrumguides.org/docs/scrumguide/v2017/2017-Scrum-Guide-Japanese.pdf
・『カイゼン・ジャーニー たった1人からはじめて、「越境」するチームをつくるまで』／市
谷聡啓、新井剛 [著]／翔泳社（2018年）

## ITILに関する参考文献

・『ITIL 4の教本 ベストプラクティスで学ぶサービスマネジメントの教科書』／最上千佳子
[著]／翔泳社（2022年）
　・『ITILファンデーション ITIL4エディション（日本語版）』／AXELOS [著]

## ITサービスマネジメント、運用設計、運用改善に関する参考文献

・『運用設計の教科書～現場で困らないITサービスマネジメントの実践ノウハウ』／近藤誠
司 [著]／技術評論社（2019年）
・『運用改善の教科書～クラウド時代にも困らない、変化に迅速に対応するためのシステム
運用ノウハウ』／近藤誠司 [著]／技術評論社（2021年）
・『3カ月で改善！システム障害対応 実践ガイド インシデントの洗い出しから障害訓練ま
で、開発チームとユーザー企業の「協同」で現場を変える』／野村浩司、松浦修治 [著]／
翔泳社（2023年）

## 生成系AIに関する参考文献

・『まるわかりChatGPT & 生成AI』／野村総合研究所 [編]／日経BP（2023年）

# 索引

335

■著者プロフィール
木村誠明（きむらともあき）
株式会社野村総合研究所　システムコンサルタント。金融系業務システムの開発・保守運用に携わり多くの障害対応を経験。その後、システム運用高度化のための技術開発・サービス開発を実施。現在は IT サービスマネジメントの専門家として、社内外のシステム運用の改善に携わるとともに、障害対応力向上のための研修講師も手掛ける。NRI 認定 IT サービスマネージャー。

■問い合わせについて
本書の内容に関するご質問は、下記の宛先まで FAX または書面にてお送りください。下記のサポートページでも、問い合わせフォームを用意しております。電話によるご質問、および本書に記載されている内容以外の事柄に関するご質問にはお答えできません。あらかじめご了承ください。

〒 162-0846
東京都新宿区市谷左内町 21-13
株式会社技術評論社　第 5 編集部
「【改訂新版】システム障害対応の教科書」質問係
FAX：03-3513-6173
URL：https://gihyo.jp/book/2024/978-4-297-14012-0

なお、ご質問の際に記載いただいた個人情報は、ご質問の返答以外の目的には使用いたしません。また、ご質問の返答後は速やかに破棄させていただきます。

# 【改訂新版】システム障害対応の教科書（かいていしんぱん しょうがいたいおう きょうかしょ）

2020 年 4 月 3 日　初版　第 1 刷発行
2024 年 4 月 27 日　第 2 版　第 1 刷発行

著者　　　　　木村誠明（きむらともあき）
発行者　　　　片岡　巌
発行所　　　　株式会社技術評論社
　　　　　　　東京都新宿区市谷左内町 21-13
　　　　　　　電話：03-3513-6150　販売促進部
　　　　　　　　　　03-3513-6177　第 5 編集部
印刷／製本　　昭和情報プロセス株式会社
カバー　　　　岡崎善保（志岐デザイン事務所）
本文デザイン・DTP　リンクアップ
編集　　　　　鷹見成一郎

定価はカバーに表示してあります。

造本には細心の注意を払っておりますが、万一、乱丁（ページの乱れ）や落丁（ページの抜け）がございましたら、小社販売促進部までお送りください。送料小社負担にてお取り替えいたします。

ISBN978-4-297-14012-0 C3055

Printed in Japan